Homeoffice optimal gestalten

Produktiv und effizient mobil arbeiten

Ingrid Britz-Averkamp, Christine Eich-Fangmeier

1. Auflage

HAUFE.

Inhalt

Den Arbeitsplatz im Wohnraum einrichten 5

- Verschiedene Szenarien für Homeoffice 6
- Wie sieht ein adäquater, ergonomischer Arbeitsplatz aus? 7
- Abstimmung mit Familie und anderen Mitbewohnern 15
- Beleuchtung, Akustik und weitere Störfaktoren 18

Die hohe Kunst der Selbstorganisation 23

- Zeiten, Aufgaben und Prioritäten managen 24
- Wie systematische Arbeitsorganisation gelingt 33
- Virtuelle Teamorganisation und Zusammenarbeit 41
- Mit Energiemanagement zu Arbeitserfolg und Zeitgewinn 46

Digitale Technik souverän nutzen 53

- Moderne IT-Ausstattung ist ein Muss 54
- Von der persönlichen zur digitalen Kommunikation 60
- Kooperation im verteilten Team 71
- Datenschutz und Datensicherheit 74

Mit innerer Kraft und Kompetenz zum Erfolg **79**
- Motivationsfaktoren für erfolgreiches Homeoffice 80
- Eine Frage der Haltung – und Kompetenz 88
- Vertrauenskultur und Performance Management 97

Chancen und Risiken: Gesundheit und Zukunft im Blick **105**
- Entgrenzung und psycho-soziale Belastungen 106
- Immer in Bewegung bleiben 109
- Selbstversorgung und Ernährung 113
- Typabhängige Chancen und Risiken im Homeoffice 116

- Ausblick und Zukunftschancen 119

- Stichwortverzeichnis 123

Vorwort

Lange Zeit war Homeoffice für viele Arbeitgeber und manche Arbeitnehmer keine Option. Doch sowohl die neue Arbeitswelt mit ihren offenen Raumkonzepten als auch die Corona-Krise erfordern ein Umdenken und vermehrte Arbeit von zu Hause.

Homeoffice bietet vielfältige Chancen, zugleich verstärkt es die bereits hohe Komplexität der heutigen Berufswelt. Die Herausforderung besteht darin, den Arbeitsplatz zu Hause digital und ergonomisch einzurichten, Raum und Zeit miteinander in Einklang zu bringen sowie Berufliches und Privates zu trennen. Damit die Arbeit im virtuellen Team erfolgreich wird, ist viel Organisationsgeschick, Digital- und Kommunikationskompetenz sowie Selbstmotivation nötig.

In diesem TaschenGuide finden Sie viele Tipps, wie Sie auch möglichen Risiken konstruktiv begegnen, wie Sie auf Ihre Gesundheit achten können und der Work-Life-Balance näherkommen. Denn eines ist klar: Homeoffice ist wichtiger denn je und aus unserem Wirtschafts- und Gesellschaftsleben nicht mehr wegzudenken.

Mit gut organisierten Grüßen

Ingrid Britz-Averkamp & Christine Eich-Fangmeier

> Hinweis: Aus Gründen der besseren Lesbarkeit wird in diesem Buch die männliche (Anrede-)Form verwendet. Selbstverständlich sind stets alle Geschlechter gleichermaßen angesprochen.

Den Arbeitsplatz im Wohnraum einrichten

Wenn Sie sich auf vermehrtes Arbeiten zu Hause umstellen, haben Sie viele Aspekte zu beachten. Dieses Kapitel beschreibt die Anforderungen an die räumliche Gestaltung. Nach dem Motto »Raum ist in der kleinsten Hütte« können Sie sich mit ein paar Handgriffen und etwas Zusatzequipment fast überall einen gut funktionierenden Arbeitsplatz einrichten.

In diesem Kapitel finden Sie Antworten auf folgende Fragen:

- Wie lässt sich mein Wohnraum in einen produktiven Arbeitsraum umfunktionieren?
- Welche Ausstattung benötige ich für einen modernen Büroarbeitsplatz?
- Welche Anforderungen an Ergonomie und Datenschutz sollte ich beachten?
- Wie kann ich Familie, Arbeit und Freizeit harmonisch in Einklang bringen?

Verschiedene Szenarien für Homeoffice

Es gibt unterschiedliche Situationen, in denen Menschen im Homeoffice arbeiten – und die wir als Zielgruppen mit diesem Ratgeber adressieren möchten. Es handelt sich in der Regel um Mischformen aus Büropräsenz- und Homeoffice-Tagen:

1. Mitarbeiter, deren Arbeitgeber sie (seit längerem) darin unterstützen, die Arbeit zu Hause zu verrichten, etwa zwei von fünf Tagen pro Woche, zum Beispiel Mütter oder Väter mit kleinen Kindern.
2. Viele Unternehmen aller Branchen führen die modernen, offenen Arbeits- und Raumkonzepte mit dem Shared-Desk-Prinzip als Teil von New Work ein. Diese führen zu Einsparungen durch reduzierte Büroflächen, wenn Mitarbeiter vermehrt ins Homeoffice gehen.
3. Während der Corona-Pandemie hat die Arbeit zu Hause es vielen Menschen ermöglicht, den sozialen Abstand zu wahren. Obwohl diese abrupte Ausnahmesituation mehr oder weniger große Umstellungsprobleme verursachte, möchten viele Mitarbeiter die Vorteile der Heimarbeit nicht mehr missen.
4. Freiberufler und Selbstständige, die ihre Alleinarbeit im Homeoffice oder andernorts besser organisieren wollen.

Wie sieht ein adäquater, ergonomischer Arbeitsplatz aus?

Chancen und Risiken von Heimarbeit liegen dicht beieinander. Eine große Chance liegt in der besseren Vereinbarkeit von Berufs- und Privatleben. Wir zeigen Ihnen, wie Sie Ihren Arbeitsplatz in den eigenen vier Wänden so gestalten, dass Sie sich voll und ganz auf Ihre Arbeit konzentrieren können.

> Die erste Voraussetzung für eine produktive Umgebung zu Hause besteht darin, sich die Abgrenzung bewusst zu machen: »Arbeit ist Arbeit« und »privat ist privat«. Diese Trennung sollten Sie zuallererst räumlich vornehmen. Mit ein paar Tricks funktioniert das sogar im Einzimmer-Apartment.

Platz schaffen, freiräumen, starten

Meist lässt sich mit ein wenig Zusatzausstattung und einigen Handgriffen ein kreatives Arbeitsumfeld schaffen. Steht kein eigener Arbeitsraum zur Verfügung, seien Sie kreativ und überlegen Sie verschiedene Lösungsvarianten für Ihre Raumplanung, wie in diesem Kapitel beschrieben.

Nachfolgende Checkliste hilft Ihnen bei der Optimierung Ihres Arbeitsplatzes im Wohnbereich.

Checkliste: Optimaler Raum	✓
Steht ein separater Arbeitsraum zur Verfügung?	
Ist eine Trennung von Arbeitsplatz und privater Umgebung möglich und sowohl für mich als auch für Mitbewohner wahrnehmbar?	
Muss ich meinen Schreibtisch mit Mitbewohnern teilen oder habe ich das alleinige Nutzungsrecht?	
Ist mein Raumbedarf mit den Mitbewohnern abgestimmt?	
Steht der Arbeitstisch im Raum optimal oder gibt es Verbesserungsmöglichkeiten?	
Ist der Arbeitstisch groß genug (80 x 120 cm)?	
Hat der Tisch eine ausreichende Höhe (72 bis 75 cm)?	
Ist der Schreibtischstuhl ergonomisch oder zumindest höhenverstellbar?	
Steht der Bildschirm im rechten Winkel zum Fenster (vermeidet Reflexion/Blendung)?	
Stehen am Arbeitsplatz ausreichend Lichtquellen zur Verfügung?	
Stellt mein Arbeitgeber Headset, externe Tastatur, großen Bildschirm zur Verfügung?	
Habe ich einen Ablageort, wo die Arbeitsmittel nach Arbeitsende bleiben können?	
Gibt es einen abschließbaren Aufbewahrungsort für vertrauliche Daten und Dokumente?	

Steht kein eigener Arbeitsraum zur Verfügung, seien Sie kreativ, sprechen Sie sich mit Ihrer Familie oder anderen Mitbewohnern ab und überlegen Sie, was Sie mit deren Einverständnis verbessern können.

Reservieren Sie zunächst einen Platz ausschließlich für Ihre Arbeitsutensilien im Regal oder Schrank. Auch wenn wenig Raum in der Wohnung vorhanden ist, finden Sie sicher ein kleines Plätzchen von ca. 40 x 40 Zentimetern für die Ablage von Notebook, Papier und Schreibutensilien.

> Treffen Sie klare Absprachen mit Ihren Mitbewohnern und verteidigen Sie Ihren Schreibtisch. Der Arbeitsplatz ist ein Arbeitsplatz und kein Ort zum Spielen, Basteln oder Quasseln. Es ist Ihr »Revier«.

Arbeiten Sie möglichst nicht im Schlafzimmer. Denn im gleichen Raum zu arbeiten und zu schlafen, lässt einen schwer abschalten. Schlafstörungen sind dann keine Seltenheit.

Tipp: Manche Arbeitgeber stellen neben den Arbeitsmitteln auch eine ergonomische Mindestausstattung zur Verfügung. Fragen Sie nach, ob Sie einen höhenverstellbaren Stuhl und Schreibtisch plus Rollcontainer sowie Monitor und Tastatur für die häufige Arbeit zu Hause gestellt bekommen.

Ergonomie und typgerechter Schreibtisch

Im Büro hat der Arbeitgeber die Pflicht, für Ergonomie, Arbeitsschutz und Sicherheit der Beschäftigten zu sorgen, wie es in der Arbeitsstättenverordnung (ArbStättV) geregelt ist. Im Heimbüro liegt diese Aufgabe bei Ihnen selbst.

Eine ähnliche Selbstverpflichtung schreibt das Arbeitsschutzgesetz in Paragraf 15 Absatz 1 fest (Auszug): »Die Beschäftigten sind verpflichtet, nach ihren Möglichkeiten und gemäß der Unterweisung und Weisung des Arbeitgebers für ihre Sicherheit und Gesundheit bei der Arbeit Sorge zu tragen.«

Langes Arbeiten am kleinen Notebook und Tippen auf der schmalen integrierten Tastatur führt automatisch zu einer Fehlhaltung. Die Schultern sind nach vorne gebeugt. Verkrampfung, Nackenverspannung und Sehnenentzündung an Unterarm und Hand können die Folge sein. Unbedingt empfehlenswert ist eine aufrechte und bequeme Körperhaltung.

Insbesondere bei häufigen, langen Telefon- oder Videokonferenzen und der konzentrierten Alleinarbeit sitzen Sie durchaus stundenlang in der gleichen Position. Wenn Sie längere Zeit in einem unpassenden Stuhl oder bei falschem Licht arbeiten, belasten Sie sowohl Ihre Leistungsfähigkeit als auch die Gesundheit. Die physischen und psychischen Risiken sind selbst bei wenigen Homeoffice-Tagen pro Woche nicht zu unterschätzen. Daher ist es lohnenswert, sich frühzeitig um adäquate und ergonomische Arbeitsausstattung zu kümmern.

So sitzen Sie richtig

> Achten Sie möglichst auf rechte Winkel bei Ellbogen, Hüft- und Kniegelenk. Wichtig ist zudem ausreichendes und nicht zu grelles Licht, weder von hinten noch von vorne.

Bei der Arbeit zu Hause nutzen viele Menschen bedenkenlos ihr Notebook, das sich fast überall einsetzen lässt: auf dem Sofa oder dem Küchenstuhl usw. Das ist nicht ergonomisch und führt früher oder später zu Beschwerden. Folgende Grundausstattung kann bereits Abhilfe schaffen:

- ein höhenverstellbarer Bürostuhl (Sitzbreite ca. 40 bis 48 cm) mit verstellbarer Lehne und fünf Bodenrollen (Kippsicherheit),
- ein (Schreib-)Tisch mit 72 bis 75 cm Höhe bzw. mit einem Abstand von 19 bis 28 cm über der Sitzhöhe sowie eine freie Tischfläche von ca. 80 mal 120 cm,
- ein großer externer Monitor (Bildschirmdiagonale 24 bis 26 Zoll) mit klarem Kontrast sowie
- eine externe Tastatur samt Maus, die nach Ergonomiekriterien aufgestellt sein sollte.

Für die ergonomische Sitzposition bei der Computerarbeit wird Folgendes empfohlen (in Anlehnung an den Digitalverband Bitkom):

- Der obere Bildschirmrand sollte in etwa auf der waagerechten Sehachse liegen, so dass der Blick die meiste Zeit ohne Anstrengung auf die Mitte des Bildschirms fällt. Lässt sich die Bildschirmhöhe nicht verstellen, helfen ein Bildschirmuntersatz oder einige große Bücher.
- Für den Monitor gilt ein Sichtabstand von mindestens 50 Zentimetern. Je größer der Monitor, desto weiter kann er wegstehen. Faustregel: Bildschirmdiagonale gleich Abstand zwischen Kopf und Monitor.

- Der Bildschirm steht idealerweise im rechten Winkel zum Fenster, damit der Lichteinfall von der Seite kommt und keine Blendung entsteht und dass er keine Spiegelungen und Reflexionen von Lampen einfängt.
- Tastatur und Maus sollten sich in einer Ebene mit Ellenbogen und Handflächen befinden und keine Schräghaltung der Hand verursachen. Ein rechter Winkel zwischen Ober- und Unterarm ist ideal.
- Der Rücken ist aufrecht, so dass rechte Winkel in der Hüfte sowie zwischen Ober- und Unterschenkel entstehen.
- Passen Sie die Stuhlhöhe so an, dass Sie bequem aufrecht sitzen können und die Füße auf dem Boden stehen. Bei Bedarf ist ein Fußhocker hilfreich, ergänzend auch eine Fußmassagerolle.
- Wenn es Ihrem Rücken hilft, können Sie die Stuhlrückenlehne als Lordosenstütze (Lendenbausch) auf Lendenwirbelhöhe enger einstellen.

Überprüfen Sie Ihre Sitzposition immer wieder und wechseln Sie diese regelmäßig. Häufiges Bewegen ist insbesondere bei der Alleinarbeit in kleineren Privaträumen wichtig für Körper und Geist. Siehe dazu auch Abschnitt »Das dynamische Sitzen und Stehen verinnerlichen« im Kapitel »Chancen und Risiken«).

So sitzen Sie richtig

Ergonomie am PC-Arbeitsplatz

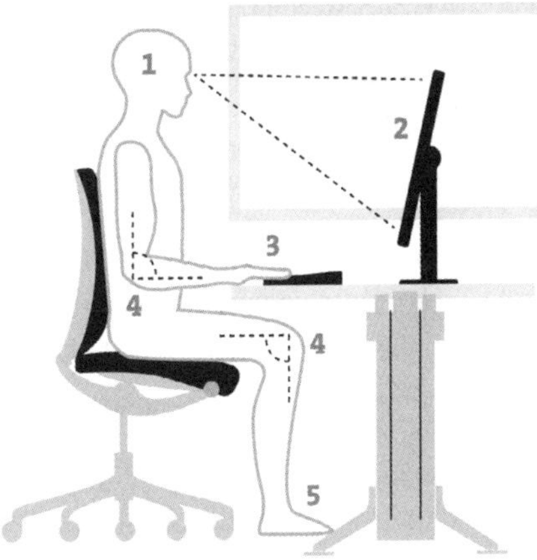

1 Die oberste Bildschirmzeile sollte leicht unterhalb der waagegerechten Sehachse liegen.

2 Für den Monitor gilt ein Sichtabstand von mindestens 50 cm. Der Bildschirm sollte im rechten Winkel zum Fenster stehen.

3 Tastatur und Maus befinden sich in einer Ebene mit Ellenbogen und Handflächen.

4 90° Winkel zwischen Ober- und Unterarm sowie Ober- und Unterschenkel.

5 Die Füße benötigen eine feste Auflage. Ggf. Fußhocker nutzen.

Quelle: Bitkom 2015

bitkom

Ergonomie am Computerarbeitsplatz (Quelle: Bitkom e. V.)

Raum ist in der kleinsten Hütte

BEISPIEL: MIT KLEINEN HANDGRIFFEN PLATZ SCHAFFEN

Frau J. war kreativ: Sie hat in ihrer kleinen Wohnung etwas umgestellt und Platz gemacht für einen kleinen Tisch. Die Größe entspricht zwar nicht ganz den Anforderungen, die Höhe passt allerdings perfekt. Den Bürostuhl holt sie morgens aus dem Schlafzimmer und rollt ihn abends wieder zurück. Nach getaner Arbeit finden alle Arbeitsmittel in einem kleinen Rollcontainer unter dem Tisch Platz und der große Bildschirm wird hinter dem Familienbild, gedruckt auf einer großen Leinwand, versteckt. Die Schreibtischlampe mit Dimm-Funktion trägt mit der indirekten Beleuchtung zum Feierabend-Feeling bei.

Das ideale Büro ist in den wenigsten Wohnräumen vollständig umsetzbar. Falls Sie keinen eigenen Arbeitsraum oder Platz für einen Schreibtisch haben, versuchen Sie sich den ergonomischen Ausstattungsmaßen so gut es geht anzunähern.

Was oft in dem kleineren Raum daheim vergessen wird, sind die Zimmertemperatur und die Luftfeuchtigkeit. So verhindert beispielsweise eine zu warme Raumluft, einen »kühlen Kopf« zu behalten. Die optimale Arbeitstemperatur liegt zwischen 20 und 22 Grad. Achten Sie außerdem auf genügend Luftfeuchtigkeit, diese sollte bei 40 bis 60 Prozent liegen. Die Luft ist oft zu trocken, insbesondere bei Heizungsluft im Winter, was zum Austrocknen der Schleimhäute führt. Gewöhnen Sie sich daher an, nach jeder längerer Arbeitsphase, spätestens nach zwei Stunden, aufzustehen, für Frischluftzufuhr zu sorgen und den Blick in die Ferne schweifen zu lassen.

> Der Arbeitsraum zu Hause ist typischerweise kleiner als ein Mehrpersonen- oder Großraumbüro in der Firma. Die räumliche Begrenztheit engt die Bewegungsfreiheit, den Blick, das Sauerstoffvolumen und damit auch den gedanklichen Freiraum ein, wenn Sie nicht aktiv gegensteuern.

Platz aufgeräumt verlassen

Für die räumliche Trennung empfiehlt es sich, die Großraumrichtlinie des »Clean Desk« zu adaptieren: Räumen Sie den Arbeitsplatz am Ende des Tages komplett frei, verstauen Sie die Arbeitsmittel in das dafür vorgesehene Regal, verwahren Sie Dokumente sicher und beugen Sie unbefugtem Zugriff vor. Sind die Platzverhältnisse sehr begrenzt, dann suchen Sie fantasievoll nach Lösungen. Vielleicht hilft ein stabiler Servierwagen, auf dem der große Bildschirm leicht beiseite gerollt werden kann oder ein großer Rollkoffer, der alle Utensilien beherbergt.

Neben dem Datenschutz hat das Freiräumen des Schreibtischs einen weiteren Effekt: »Aus den Augen – aus dem Sinn«. Setzen Sie ein klares Signal an Ihre Mitbewohner und sich selbst: Die Arbeitszeit ist zu Ende, die Freizeit kann beginnen.

> Achten Sie gerade im Kreise Ihrer Vertrauten auf Datenschutz. Denken Sie daran, auch zwischendurch bei jedem noch so kurzen Verlassen des Arbeitsplatzes das Notebook zu sperren.

Abstimmung mit Familie und anderen Mitbewohnern

Auf dem Weg in die Firma sind die Zeichen klar: Schön angezogen und gestylt verlassen Sie das Haus und machen sich auf den Weg ins Büro, nach getaner Arbeit kehren Sie zurück und können die Freizeit genießen. So mancher in der Familie oder ein anderer Mitbewohner hat die alten Signale weiterhin im Kopf und versteht (noch) nicht, wieso der Erwerbstätige zu Hause ist, aber keine Zeit für Unterhaltung oder die tagtäglich zu verrichtenden Dinge hat. Zum eigenen Schutz sollten Sie deshalb die Grenze zwischen Arbeits- und Wohnraum klar definieren, abstimmen und kommunizieren.

Tipp: Werden Sie immer mal wieder von einem Mitbewohner gestört? Dann vereinbaren Sie Signale oder kleben ein kreatives und zugleich eindeutiges Schild an die Tür oder sichtbar auf den Arbeitstisch mit folgenden Hinweisen:

1 Ruhe, bitte nicht stören
2 Ich bin am Arbeiten
3 Ich bin ansprechbar

Sie können dazu etwa eine dreieckige Toblerone-Schachtel bekleben. Die Oberfläche der Dreieckspappe können Sie entsprechend Ihrem Status sichtbar aufstellen.

Zeit- und Raumnutzung planen

Nachfolgend finden Sie ein Beispiel für einen groben Tageszeit- und -raumplan inklusive Ideen für räumliche Signale und Abwechslung. Die Zuordnung des jeweiligen Raums gibt Ihnen und Ihren Mitbewohnern Orientierung – zudem werden die »Frei-Räume« sichtbar aufzeigt. Zusätzlich können Sie darin wiederkehrende tägliche Arbeitsroutinen und Rituale aufnehmen, wie beispielsweise drei Mal täglich den Mail-Eingang abrufen. Das macht die Refokussierung auf die nächsten Arbeitsschritte nach einer Pause noch leichter.

Zeit	Tätigkeit	Raum
bis 09:00 Uhr	Guten Morgen! Start in den Tag	Schlafbereich, Bad, Küche, Wohnbereich, Outdoor, ...
bis 10:30 Uhr	Mails / ToDo - Liste aktualisieren Arbeitsphase I	Arbeitsplatz
10:30 Uhr	Pause (lüften, durchatmen, bewegen)	Küche, Wohnbereich, Outdoor, ...
bis 12:00 Uhr	Arbeitsphase II	Arbeitsplatz
12:00 Uhr bis 13:00 Uhr	Guten Appetit!	Küche, Wohnbereich, Outdoor, Restaurant, Imbiss, ...
bis 14:30 Uhr	Mails Arbeitsphase III	Arbeitsplatz
14:30 Uhr	Pause (lüften, durchatmen, bewegen)	Küche, Wohnbereich, Outdoor
bis 16:00 Uhr	Arbeitsphase IV	Arbeitsplatz
16:00 Uhr	Pause (lüften, durchatmen, bewegen)	Küche, Wohnbereich, Outdoor
bis 18:00 Uhr	Arbeitsphase V Mails / Tages- bzw. Wochenplan	Arbeitsplatz
ab 18:00 Uhr	Freizeit	Küche, Wohnbereich, Outdoor, Schlafbereich, ...

Beispiel für einen Zeit- und Raumplan

Tipp: Arrangieren Sie jeden Sonntagabend eine kleine Familienkonferenz, in welcher die Zeit- und Raumpläne aller Familienmitglieder der kommenden Woche besprochen werden. Das schafft ein einheitliches und gegenseitiges Verständnis in der Gemeinschaft. Alle können sich einbringen und darauf einstellen. Weisen Sie dabei auf besondere, störungsfreie Zeiten hin, zum Beispiel auf einen wichtigen Online-Kundentermin. So weiß jeder, wann Sie keinerlei Unterbrechung dulden können und der Arbeitsplatz mit entsprechender Ruhe zur Verfügung stehen muss.

Beleuchtung, Akustik und weitere Störfaktoren

Setzen Sie sich ins rechte Licht

Wird das traute Heim zum Büro, ändern sich die Anforderungen an die Beleuchtung. Daheim will man es gemütlich, während der Arbeit dagegen hilft die produktive Helligkeit. Daher ist das richtige Licht im Homeoffice ein wichtiger Aspekt.

Richtige Beleuchtung hat mehrere Funktionen:

1. Ermüdung der Augen vorbeugen
2. Professionelle Atmosphäre schaffen
3. Abgrenzung zum »Feierabendmodus« und gegenüber Familienmitgliedern
4. Gutes Licht wirkt stimmungsaufhellend

Die meisten Büros sind heller beleuchtet als ein typisches Wohnzimmer. Ideal sind Beleuchtungsstärken von bis zu 500 Lux auf der Schreibtischplatte. Eine sehr grobe Abschätzung für die Lichtverhältnisse liefern Luxmeter-Apps auf dem Handy. Sie sind zwar nicht genau, geben aber eine gute Indikation.

Erschrecken Sie nicht, wenn Ihre Beleuchtung um 50 Prozent vom Idealwert abweicht. Das ist in Ordnung, solange Sie eine Schummerbeleuchtung von 20 Lux vermeiden, denn diese ist wirklich ermüdend. Wenn Sie keine geeignete Lampe haben, können Sie einfach einen starken Deckenfluter an die Zimmerdecke strahlen lassen. Das ist das Signal ans Gehirn und auch ein weiteres an die Familie zur Abgrenzung der Arbeitsatmosphäre.

Als Schutz vor Blendung und Wärmeeinstrahlung hilft ein Sonnen- und Blendschutz (am Fenster). Schalten Sie das Licht rechtzeitig ein, wenn es dunkler wird, um die Augen nicht zu überlasten.

Achten Sie auf optimalen Bildschirmkontrast, denn ein zu schwacher Kontrast führt ebenso schnell zur Übermüdung der Augen wie eine zu grelle Einstellung. Wenn sich also die Lichtverhältnisse über den Tag oder an unterschiedlichen Arbeitsecken ändern, empfiehlt sich ein Griff zum Helligkeitsregler, bevor der Verspannungskopfschmerz aufkommt.

K(l)eine Nebensache: Die Akustik

Die Homeoffice-Arbeit ist geprägt von Telefonaten und Videokonferenzen. Achten Sie für eine saubere Akustik daher auf Hall oder Hintergrundgeräusche. Offene Fenster oder lärmende Mitbewohner haben schon so manche Telefonkonferenz erheblich gestört. Ebenso ist es störend, wenn Stifte oder Ohrringe gegen das Mikrofon klimpern. Auch Ihre eigene Stimme sollte möglichst klar beim Gegenüber ankommen, etwa durch eine aufrechte Haltung. Das entspannt das Gespräch und gibt Ihrem Gegenüber mehr Zeit, sich auf das Gesagte zu fokussieren – statt auf Ratespiele, was Sie wohl gemeint haben könnten.

Planen Sie auch hier bewusst Bewegung ein, zum Beispiel beim Telefonieren aufzustehen. Viele Menschen können sich besser konzentrieren, haben eine deutlichere Aussprache und sind stärker angeregt, wenn sie beim Sprechen im Raum »umhertigern«.

Tipp: Manchmal sind Störgeräusche aus der Wohnung oder der näheren Umgebung unvermeidbar. Wenn Sie trotz Baustelle, Rasenmäher und Mitbewohnerlärm telefonieren müssen, sollten Sie unbedingt auf die Freisprechanlage verzichten. Denn das Mikrofon nimmt beim Freisprechen besonders viele Störungen und Geräusche auf. Verwenden Sie ein Headset mit einem Mikrofon, das Sie nahe am Mund haben. Dadurch wird Ihre Stimme klarer und Hintergrundgeräusche werden minimiert.

Arbeitsfluss und Arbeitsschutz – Alles abstellen, was stört

Der Arbeitsplatz sollte frei zugänglich und für die Büroarbeit vorbereitet sein, unbelastet von privaten Gegenständen oder unerledigter Hausarbeit. Machen Sie sich bewusst, was Sie stört und beseitigen Sie die Ursache.

Nachfolgend finden Sie eine Übersicht über typische Störquellen und Stolperfallen, die für die reibungslose Arbeit und für den Arbeitsschutz zu vermeiden sind:

Störfaktoren	Lösungen
Umgebungsgeräusche, Lärm	Bestimmte Ruhezeiten mit Mitbewohnern vereinbaren, geräuschmindernde Kopfhörer, ausschließlich mit Headset telefonieren
Licht von vorne	Für Verdunklungsmöglichkeit sorgen (Vorhänge, Rollos, Trennwand)
Dunkler Eckplatz	Helle Schreibtischlampe mit Lichtzufuhr von oben, Stehlampe neben den Schreibtisch stellen, Blick regelmäßig in die Weite schweifen lassen, am besten ins Grüne (Grün beruhigt die Augen)
Wenig Platz	Schreibutensilien minimieren, kleines Ablagebrett oder Hängeregal an der Wand befestigen, praktische Aufbewahrungsmöglichkeiten besorgen
Kleiner Raum	Regelmäßig für Sauerstoffzufuhr sorgen und lüften, ggf. Fensterbrett freiräumen
Arbeitsschutz	Stolperfallen und Gefahrenstellen vermeiden, Verlängerungskabel am Rand verlegen und Kabel fixieren, Kabelbinder und Mehrfachsteckdosen verwenden. Entfernen Sie defekte Geräte und Bauteile.
Wackel- und Rutschtest	Prüfen Sie Tisch und Stuhl auf Standfestigkeit. Beugen Sie Ausrutschen und Stürzen auf feuchtem oder glattem Boden vor.
Unordentliche Umgebung	Aufräumen, bei Videokonferenzen auf ruhiges Hintergrundbild achten
Schlechtes Gewissen, da unerledigte Dinge warten	Ordnung in der Umgebung sorgt für Ordnung im Kopf. Alles was negative Gefühle weckt, aus dem Sichtfeld räumen, z. B. in große Aufbewahrungsboxen oder auf die To-do-Liste

Schauen Sie sich zusätzlich nach motivierenden Elementen um und richten Sie Ihren Homeoffice-Arbeitsplatz nach Ihrem Geschmack ein. Wenn es rechts und links vom Arbeitsplatz aufgeräumt ist, spiegelt sich diese Klarheit auch im Denken.

Doch erlaubt ist, was gefällt. Zu Hause sind Sie frei in der Dekoration, solange es die produktive Arbeit leichter macht, etwa ein Wandkalender, Familienbilder, Kunstgegenstände, ein Blumenstrauß, ein Blick auf Pflanzenkübel auf dem Balkon. Manche Menschen beruhigt und motiviert beispielsweise eine leise Hintergrundmusik und lässt sie in ihren Arbeits-Flow kommen. Diese lässt sich mit einem Klick online streamen – und leicht herunterregeln, wenn ein Telefongespräch beginnt.

Auf einen Blick: So fühlen Sie sich im Homeoffice »wie zu Hause«

- Trennen Sie Arbeit und Privatleben von Anfang an klar und deutlich, um sich auf Ihre Tätigkeit konzentrieren sowie in der Freizeit abschalten zu können.
- Ein ergonomischer Arbeitsplatz unterstützt Ihre Gesundheit langfristig.
- Besprechen Sie Ihre Zeit- und Raumplanung sowie entsprechende Regeln mit Ihren Mitbewohnern, damit Sie störungsfrei arbeiten können.
- Machen Sie regelmäßig Pausen, bewegen Sie sich und sorgen Sie für frische Luft, um sich und Ihren Körper zu entspannen.

Die hohe Kunst der Selbstorganisation

Termine und Aufgaben, Team und Zusammenarbeit: Beim Arbeiten zu Hause ist Organisationsgeschick in jeder Hinsicht gefragt. Das ist eine besondere Herausforderung, wenn Sie regelmäßig zwischen dem Büro in der Firma und dem Homeoffice wechseln.

Dieses Kapitel führt Sie Schritt für Schritt durch die verschiedenen Ebenen der veränderten Arbeitsorganisation und gibt Antworten auf folgende Fragen:

- Wie lassen sich Termine und Aufgaben beim standortunabhängigen Arbeiten im verteilten Team unter einen Hut bringen?
- Wie behalten Sie im Homeoffice den Fokus auf die Ziele und Ergebnisse, nachdem die im Büro gewohnte Gruppendynamik fehlt?
- Was ist für die Abstimmung mit dem virtuellen Kollegenteam zu beachten?
- Wie können Sie mit Ihrer Energie so haushalten, dass Sie fremden und eigenen Ansprüchen gerecht werden?

Zeiten, Aufgaben und Prioritäten managen

Folgende Tabelle beleuchtet wesentliche Aspekte für das Aufgabenmanagement zu Hause. Überlegen Sie, inwieweit diese Aussagen auf Sie zutreffen: ja (+); mal so, mal so (±); nein (-)

Aufgabenmanagement im Homeoffice	+	±	-
Ich habe eine gute Übersicht über meine nächsten To-dos und kann gut einschätzen, was ich in Alleinarbeit erledigen kann.			
Ich kann die Aufgaben der kommenden Woche planen und rechtzeitig einschätzen, wo es unter Umständen zeitkritisch werden kann.			
Die Trennung zwischen Privatem und Beruflichem gelingt mir gut.			
Im Team haben wir eine gute Vertrauenskultur, auf die Verlass ist.			
Ich kenne meine Energieressourcen genau und kann damit richtig haushalten.			

Sie konnten nicht alle Fragen mit einem uneingeschränkten Ja beantworten? Dann geben wir Ihnen im Folgenden wertvolle Hinweise zu

- Zeit-, Prioritäten- und Aufgabenmanagement
- Arbeits- und Teamorganisation
- persönlichem Energiemanagement

Für den häufigen Wechsel zwischen Firmenbüro und Homeoffice braucht es ein besonderes Maß an Selbstorganisation. Das ist einfacher gesagt als getan. Für gute Arbeitserfolge und persönliche Zufriedenheit ist eine strukturierte Vorgehensweise notwendig – unabhängig davon, ob Sie gelegentlich, regelmäßig an einem Tag pro Woche oder mehrheitlich zu Hause arbeiten. Neben der räumlichen stellt auch die zeitliche Trennung von Arbeit und Privatem eine neue Anforderung dar, fallen doch die äußeren Strukturen des Büros, der Blickkontakt zu den Kollegen, der Mitreißeffekt, der gemeinsame Gang zum Meeting und der schnelle persönliche Austausch weg.

BEISPIEL:

Herr M. berichtet: »Einerseits freue ich mich, mittags mit meiner Familie gemeinsam essen zu können und über die neuesten Ereignisse meiner Kinder informiert zu werden. Andererseits jedoch vermisse ich den Kontakt zu den Kollegen und manchmal fehlt mir die Unterstützung bei Fachfragen. Telefon- und Videokonferenzen ersetzen den persönlichen Austausch nicht ganz.«

Für viele wird sich eine Mischform einstellen, etwa ein paar Tage im Büro und ein bis zwei Tage pro Woche zu Hause zu arbeiten. Bei der Umstellung auf regelmäßige Arbeit in den eigenen vier Wänden ist es hilfreich, sich die Veränderungen gegenüber der Präsenzarbeit im Unternehmen bewusst zu machen. Fragen Sie sich, wie Ihre Wahrnehmung ist oder sich ändert, wenn Sie vermehrt zu Hause arbeiten:

- Arbeiten Sie gerne und freiwillig zu Hause und was wird dadurch besser?
- Oder ist Homeoffice für Sie eher schwierig und wenn ja, woran liegt das primär?

- Ist es einfach eine Umstellung, die ein paar Neuerungen mit sich bringt und mit der Zeit zur Normalität wird?
- Was bleibt gleich, unabhängig von Ihren bisherigen Erfahrungen?

Die eigenen Ressourcen managen

In der Büroumgebung ist der Leistungsdruck geradezu körperlich spürbar, wenn etwa ein wichtiger Liefertermin eingehalten werden muss. Dann arbeiten die Kollegen im Idealfall eng zusammen, um etwa eine Kundenpräsentation für den Besuch am nächsten Morgen fertig zu bekommen. Ganz anders ist es zu Hause. Dort ist die Gefahr größer, sich zu verzetteln, Pausen zu vergessen, sich ablenken zu lassen oder den Fokus nicht zu finden.

Aktives Ressourcenmanagement wird zu einer Kernaufgabe. Was sind Ihre Ressourcen? Das sind Räume (Krafträume) und Zeiten, Ihre Energien und Kompetenzen sowie Tools und Rahmenbedingungen, die Einfluss auf die Zielerreichung nehmen. In der neuen Arbeitswelt sind Sie noch stärker gefordert, damit gut zu haushalten. Betrachten Sie Ihre Ressourcen als Ihre Produktivkraft. Wenn Sie diese bewusst und ökonomisch einsetzen, werden Sie auch im Remote-Umfeld erfolgreich arbeiten.

> Eigenverantwortliches, genaues und agiles Zeit-, Aufgaben- und Ressourcenmanagement gehören zur Kernkompetenz für jeden erfolgreichen Homeoffice-Worker. **Eigenverantwortlich**, weil zu Hause die Verantwortung für die Erreichung der Tagesziele bei Ihnen allein liegt. **Genau**, damit nichts, auch kein Teilschritt, bei der Alleinarbeit, vergessen wird. **Agil**, weil der eigene Plan ständig den sich ändernden Rahmenbedingungen angepasst werden muss.

Um einzuschätzen, ob Sie die regelmäßige Arbeit zu Hause gut organisieren können, hilft ein Selbsttest.

Welcher Homeoffice-Typ bin ich? – Selbsttest Teil 1

Bitte gehen Sie die folgenden Aussagen durch und bewerten Sie, inwiefern die Aussagen zum Homeoffice-Typ für Sie zutreffen: ja (+); mal so, mal so (±); nein (–).

Zeitmanagement	+	±	–
Ich kann mich gut selbst organisieren.			
Meine Aufgaben und Unternehmungen plane ich im Voraus.			
Zugesagte Termine halte ich ein.			
Den Zeitbedarf für meine Aufgaben schätze ich realistisch ein.			
Mein Terminmanager ist stets gut gepflegt.			
Termine, die meine Büropräsenz erfordern, sind eine Woche vorher bekannt.			
Prioritätenmanagement	**+**	**±**	**–**
Wichtiges von Unwichtigem zu trennen gelingt mir gut.			
Ich kann gut zwischen »dringend« und »wichtig« unterscheiden.			
Aufgaben zu priorisieren fällt mir leicht.			
Komplexe Aufgaben kann ich gut strukturieren.			
Ich bin mir in der Regel der nächsten, dringenden Aufgabe bewusst.			

Zeiten und Prioritäten planen

Dank mehrerer Trends, wie z.B. neue flexible Arbeits- und Raumkonzepte oder fortschreitende Digitalisierung und Vernetzung, hat jeder Mitarbeiter die Möglichkeit, häufiger zwischen Büro- und Heimarbeit zu wechseln. Damit ist jeder gefordert, tagtäglich seinen Arbeitsort mit dem eigenen Zeitmanagement und der Aufgabenstellung in Einklang zu bringen. Diese neue Anforderung im »offenen Multispace« sollte jedes Teammitglied als Chance begreifen.

Wer arbeitet wann und wo? Wie kann ein verteiltes Team zur besten Produktivität zusammenfinden? Das sind Fragen, die einerseits mehr Flexibilität bringen und andererseits viel Eigeninitiative erfordern. In der multioptionalen neuen Arbeitswelt kommt niemand mehr darum herum, die eigenen, standortübergreifenden Arbeitsabläufe (mit Büro- und Homeoffice-Tagen) noch genauer durchzuplanen. Wenn Sie das bisher vermieden haben, sollten Sie schrittweise eine Planungs- und Organisationskompetenz entwickeln. Sie werden entdecken, dass sich neue Freiräume eröffnen.

Detaillierte Aufgabenplanung: Was ist wann und wo zu erledigen? – Selbsttest Teil 2

Bitte gehen Sie die folgenden Aussagen zu Aufgabenmanagement durch und bewerten Sie, ob die Aussage für Sie zutrifft: ja (+); mal so, mal so (±); nein (–).

Aufgabenmanagement	+	±	–
Ich kenne meine Rolle und die zu erfüllenden Aufgaben im Unternehmen, in der Abteilung und im Team.			
Mit sind die Aufgaben und Liefertermine der nächsten Wochen/Monate bekannt.			
Ich kann den Aufwand für meine Aufgaben der kommenden Woche gut einschätzen.			
Aufgaben, die nur zusammen mit dem Team zu lösen sind, kann ich von meinen anderen Aufgaben unterscheiden.			
Ich habe regelmäßig Aufgaben, die ich gut in Alleinarbeit und remote erledigen kann.			
Arbeitsorganisation	+	±	–
Ich kann meine Arbeitstage gut strukturieren und organisieren.			
Meine zu erreichenden Tagesziele sind mir bewusst und ich behalte sie stets im Fokus.			
Ich lasse mich von privaten Dingen und Mitbewohnern nicht ablenken.			
»Einfach anfangen« fällt mir leicht.			
Ich habe die Arbeitsabläufe im Blick und kann zusammen mit den Kollegen große Teile der Unternehmensprozesse von zu Hause aus steuern.			

Top-down-Sicht: vom Groben zum Detail

Für den eigenen Projektplan eignet sich die Top-down-Sicht, also schrittweise vom Allgemeinen zum Speziellen überzugehen. Zuerst geht es darum, sich den Überblick über die großen Projekte und Ziele für die nächsten Wochen zu verschaffen und daraus die eigenen Arbeitseinheiten abzuleiten. Planungsorientierte Mitarbeiter haben diese übergeordneten Termine und Projekte sowie die eigenen Teilaufgaben bereits gut im Blick. Doch nicht jeder geht von Natur aus so systematisch vor.

Es ist hilfreich, schon zu Beginn des Jahres und des Monats alle bekannten Termine in den Kalender einzutragen und jede Terminänderung umgehend zu aktualisieren. Das klingt zwar banal, wird aber bisher nicht von jedem so zuverlässig gehandhabt. Dabei wird gute Planung immer wichtiger, denn künftig ist zu unterscheiden, welche Tätigkeiten am besten zu Hause funktionieren und welche die Anwesenheit im Büro erfordern.

Erst der Überblick, dann die detaillierte Aufgabenplanung:

Checkliste zum eigenen Kompetenzbereich
Welche meiner Aufgaben ▪ eignen sich für die Alleinarbeit? ▪ mache ich am besten am Homeoffice-Tag (Remote-Zugriff)? ▪ muss ich im Büro erledigen (Face-to-Face)?
Welche der kommenden Termine sind ein Muss: ▪ Video-/Telefonkonferenzen? ▪ Präsenztermine? ▪ Weitere?
Was ist meine Spezialkompetenz und meine darauf aufbauende, kompetenzbasierte Rolle, die ich gut beherrsche und weiter ausbauen möchte?
Wie kann ich mein Wissen und meine Rolle im Team weiterentwickeln und vom Homeoffice aus für ein gutes Teamergebnis einbringen?

Versuchen Sie, routiniert zu einer detaillierten Tages- und Wochenplanung zu kommen. Führen Sie die Aufgabenplanung von Tag zu Tag fort – inklusive Puffer für Unvorhergesehenes.

Toolgestütztes Terminmanagement

BEISPIEL:

Haben Sie auch schon erlebt, dass ein gerade aktualisierter Termin bei der nächsten Gesamtansicht verschwunden ist oder eine Termineinladung bei dem Empfänger nur Datensalat verursacht? Oder Sie akzeptieren einen Termin aus einer Termineinladung, aber der Termin wurde nie dort eingetragen? Spielen Sie die Szenarien durch und lernen Sie Ihr System so gut kennen, dass Sie genau wissen, was funktioniert und was nicht.

Für die Zeit- und Aufgabenplanung lohnt es sich, nach geeigneten Planungstools Ausschau zu halten. Je nach Ausstattung des Unternehmens bieten sich unterschiedlich mächtige Systeme an. Vielleicht reicht das Terminmanagement im E-Mail-System aus, ob Outlook, Web Groupware oder ein System für To-do-Listen (s. a. unter »Virtuelle Teamorganisation und Zusammenarbeit« in diesem Kapitel). Viele arbeiten bereits seit Langem mit diesen Methoden, daher bedeutet die Planung für sie keine Umstellung, sondern nur eine verstärkte Nutzung des Systems.

Im Idealfall hat Ihr Unternehmen die Aufgabenplanung bereits mit der gesetzlich vorgeschriebenen Arbeitszeiterfassung und dem Projektmanagement verknüpft. In diesem Fall könnte die konsequente Nutzung digitaler Planungswerkzeuge für Sie sogar eine deutliche Erleichterung bringen, da Statusreports und manuelle Handgriffe wegfallen.

Tipp: Suchen Sie sich das Aufgaben- und Terminmanagementsystem aus, mit dem Sie am besten zurechtkommen und das in Ihrer Systemwelt zuverlässig funktioniert. Wichtig ist nur, dass Sie auf die Schwachstellen achten und sich nicht blind auf scheinbar automatische Funktionen verlassen.

Papier oder digital?

Apropos blind verlassen: Für den einen ist Outlook oder das Smartphone die beste Wahl, für den anderen das Notizbuch. Die gute alte Kladde erfreut sich in den letzten Jahren wieder großer Beliebtheit, möglicherweise angesichts der vielen Kompatibilitätsprobleme der elektronischen Systeme. Finden Sie Ihre Methode, die für Sie, Ihr privates Umfeld und Ihre Teamkollegen am besten funktioniert. Es geht nicht darum, möglichst digital zu sein, aber es nützt auch niemandem, Tools aus Prinzip abzulehnen. Lernen Sie die Stärken und Schwächen Ihrer Werkzeuge kennen und entscheiden Sie anschließend auf Basis der Vor- und Nachteile.

Papier wird auch in Zukunft ein wichtiges Utensil in der digitalen Arbeitswelt bleiben. Nach einer Studie des Fraunhofer Instituts gaben 65 Prozent der Befragten an, dass sie in Besprechungen wichtige Informationen handschriftlich notieren und Ausdrucke mitnehmen. Nur 17 Prozent der Teilnehmer setzen mehrheitlich digitale Tools zur Erfassung und Wiedergabe von Informationen in Konferenzen ein. Das gilt für Jung und Alt.

Tipp: Auch wenn Sie alles digital bearbeiten, ist es hilfreich, eine kleine To-do-Liste für den Folgetag handschriftlich zu erstellen. Das hat den Vorteil, dass Sie zwischendurch schnell eine Notiz für eine neue Aufgabe machen können. Zudem tut es gut, jede erledigte Aufgabe darauf abzuhaken und den Zettel nach Bearbeitung zu zerreißen, als kleines Erfolgserlebnis.

Wie systematische Arbeitsorganisation gelingt

Die Homeoffice-Arbeit eröffnet neue »Frei-Räume«. Sie können selbst in stärkerem Maß bestimmen, wann Sie Ihre Arbeit beginnen und wann Sie was erledigen. Wenn Sie diese neue Flexibilität auf einer systematischen Arbeitsorganisation aufbauen, vor allem im Hinblick auf einen effizienten, störungsfreien Tagesablauf, eine konsequente Ergebnisfokussierung und die Teamabstimmung, werden Sie das Homeoffice mehr und mehr zu schätzen wissen.

> Die frühere Präsenzkultur wechselt durch das standortunabhängige Arbeiten zu einer Ergebniskultur.

Während im Büro für viele Vorgesetzte durchaus die Anwesenheit noch zählt, muss jeder Homeworker umso klarer aufzeigen, was er am Tag geleistet hat. Denn seine Tätigkeit wird oft nicht gesehen, wenn er diese nicht kommuniziert.

Verschaffen Sie sich den Überblick über Ihre Ziele, Aufgaben und Aufwände inklusive der Planung von Präsenz- und Homeoffice-Tagen für die nächste Woche. Wenn Sie die Arbeitsstunden in einer Tabelle eintragen, können Sie anschließend leicht eine kurze Soll-Ist-Analyse für sich selbst durchführen.

	Aufgabenplanung	Wochentag				
		MO	DI	MI	DO	FR
		HO			HO	
Prio		h	h	h	h	h
1	Präsentation Kunde erstellen	2				
1	Vorbereitung Meeting	1				
2	Mitarbeitergespräch Vorbereitung				1	
2	Mitarbeitergespräch					1
1	Projektevent „Kunden Feedback" planen		1,5			
1	Telefonkonferenz Kunde Wien	1				
1	Rücksprache Chef vorbereiten	1				
1	Rücksprache Chef		1,5			
3	Online Training Projektmanagement				3	
1	Mails abarbeiten	1	1	1	1	1,5
1	Aufgaben Folgetag planen	0,5	0,5	0,5	0,5	0,5
	...					
	Soll: Summe h / Tag	6	...	...	...	...
	Ist: Summe h / Tag					

Beispiel für eine wöchentliche Aufgabenplanung (HO = Homeoffice)

Struktur und Ziele jeden Tag

Es ist nicht leicht, in der einst rein privaten Atmosphäre auf einmal eine produktive Stringenz an den Tag zu legen, sich nicht ablenken zu lassen und den Fokus auf die Arbeitsziele zu behalten. Überprüfen Sie daher regelmäßig: Ist der selbst vorgegebene Zeitplan realistisch?

Um das Tages- oder Wochenziel sicher zu erreichen, teilen Sie die anstehenden Aufgaben in mehrere Teilschritte ein, so wie in einem größeren Projekt bestimmte Meilensteine auf dem Weg zum Ziel definiert werden. So lässt sich einfach überprüfen, ob die Zwischenziele erreicht wurden, und wenn nicht, woran das liegt.

Tipp: Für die Erfüllung des Tagesziels und zu Ihrer Motivation teilen Sie Ihr Arbeitspensum so ein, dass Sie zum Beispiel am Vormittag zwei von fünf und am Nachmittag die übrigen drei Teilaufgaben gut erreichen können. Wenn kleine Arbeitspakete mit erreichbaren Zwischenzielen geplant und erfüllt werden, ist es umso befriedigender, bis zum Abend mehrere Erledigt-Häkchen setzen zu können. Das gibt ein Erfolgsgefühl und ganz nebenbei lernen Sie, Ihre Arbeitszeit auf Dauer zuverlässig einzuplanen.

Für einen guten Start in den Tag ist es empfehlenswert, schon am Vorabend einen detaillierten Prioritätenplan zu erstellen. Auf dieser Basis fällt es viel leichter, den folgenden Arbeitstag zu starten. Des Weiteren helfen bestimmte Routinen und Rituale, den Tag zu strukturieren.

Routinen und Rituale für einen strukturierten Tag

1. Start in den Morgen mit einer Tasse Kaffee/Tee und einer Flasche Wasser am Schreibtisch
2. Maximal 30 Minuten Check und Priorisierung der E-Mails und anderer Nachrichten (kurze Themen gleich beantworten, unwichtige löschen, aufwendigere kennzeichnen und in die Aufgabenliste aufnehmen)
3. Kurze Ergänzung der tagesaktuellen To-do-Liste um eventuell neue Themen
4. Anschließend Arbeitspaket #1 erledigen, kurze Pause, dann Arbeitspaket #2, Mittagessen, frische Luft tanken, Espresso, Arbeitspaket #3 usw.
5. Die letzten 30 Minuten eines Arbeitstages: Arbeitsdokumentation, Mails checken und Planung des nächsten Tages

Tipp: Kommen Sie schwer in die Gänge? Dann ist es umso wichtiger, dass Sie Ihr Arbeitspaket für den nächsten Tag bereits geschnürt und das Etappenziel des ersten Arbeitspakets im Fokus haben. Oft hilft auch ein wenig physische Anstrengung. Einmal Treppe laufen, als ob man ins Büro gehen würde, bringt den Kreislauf in Schwung.

Vom Ergebnis her denken

Um den Fokus auf die Arbeitsziele zu behalten, hilft es für die Arbeitsorganisation, vom Endergebnis her zu denken. Definieren Sie Ihr Tagesziel klar und behalten Sie es im Auge. Denn angesichts des wachsenden Zeit- und Ergebnisdrucks hat kaum jemand noch die Zeit, in Ruhe einen Arbeitsschritt nach dem anderen unmittelbar nacheinander abzuarbeiten. Ständig kommen berufsbedingte Ablenkungen und Zusatzarbeiten und zu

Hause zusätzlich private Unterbrechungen hinzu. Über diverse digitale Kanäle versuchen die Kollegen, Kontakt zu halten, kurze Rückfragen einzuschieben oder einfach nur Dampf abzulassen.

Konzentrieren Sie sich daher nur auf einen Hauptkanal und schalten Sie alle anderen digitalen Störfaktoren ab, wie Chats, Push-Meldungen, E-Mail-Signale oder Handy-Töne für private Messenger. Diesen Zusatzmedien können Sie sich einmal am Tag, zum Beispiel abends, ungestört widmen. Wenn Sie stattdessen Ihr Tagesziel visualisieren, können Sie dieses umso besser verfolgen und bis abends konsequent umsetzen. Welche Routinen und Strukturen am besten funktionieren, finden Sie selbst am besten für sich heraus.

Das Wichtigste zuerst

Dass wir eine unangenehme Sache gerne vor uns herschieben, kennen wir alle. Doch dieses Vermeidungsverhalten kostet unnötig Energie und lähmt den Arbeitsfluss. Steht eine solche Aufgabe an, dann sollten Sie gleich morgens mit ihr beginnen. Und falls es mehrere unangenehme Aufgaben gibt, beginnen Sie mit der schwersten, solange Sie noch ausgeschlafen und fit sind. Falls Sie kein Morgenmensch sind, legen Sie unbequeme, aber wichtige Aufgaben auf die Zeit Ihres Leistungshochs, etwa am späten Vormittag oder frühen Nachmittag. Verbieten Sie sich den Blick aufs Smartphone, bis die erste Nuss des Tages geknackt ist. Sehen Sie den anschließenden Griff zum Handy als kleine Belohnung.

Machen Sie sich den Unterschied zwischen »wichtig« und »dringend« bewusst. Gehen Sie nach dem »Eisenhower-Prinzip« vor: Kategorisieren Sie Ihre Aufgaben in A) sehr wichtig und sehr dringend, B) sehr wichtig, aber nicht dringend, C) nicht wichtig, aber dringend sowie D) weder wichtig noch dringend. Erledigen Sie zuerst A- und danach B-Aufgaben. Versuchen Sie C-Tätigkeiten zu delegieren und prüfen Sie, ob Sie D-Aufgaben ganz vermeiden können.

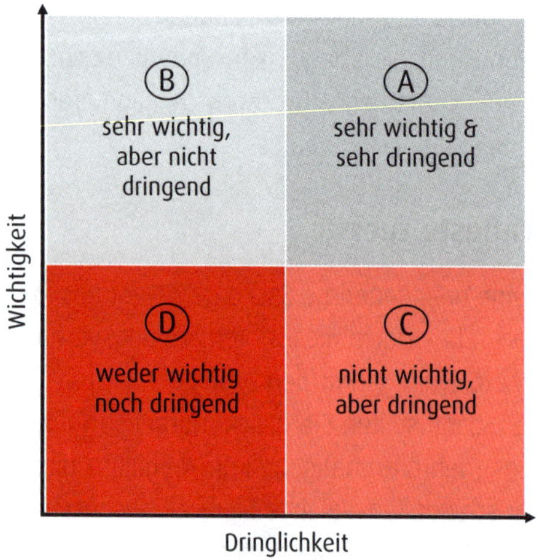

Das Eisenhower-Prinzip: Aufgaben nach Wichtigkeit und Dringlichkeit priorisieren

Tipp: Haben Sie ein Leistungstief oder eine Denkblockade, gönnen Sie sich eine kurze Pause und machen Sie im wahrsten Sinne des Wortes einen Perspektivwechsel: Einmal raus an die frische Luft, die Waschmaschine füllen oder Blumen gießen.

Das sorgt für Abstand, bringt kleine Erfolgserlebnisse, öffnet den Blick und lässt neue Gedanken ins Bewusstsein vordringen.

Beim Arbeiten zu Hause vermischt sich automatisch private Zeit mit beruflicher Zeit, das lässt sich gar nicht vermeiden. Schnell mal ein Paket annehmen oder die Spülmaschine anstellen ist kein Problem. Wichtig ist: Trennen Sie dennoch Arbeit und Privates so weit wie möglich und notieren Sie die Zeit, die Sie auf Privates verwenden, denn diese Zeit ist selbstverständlich nicht als Arbeitszeit einzurechnen. Entweder Sie verlängern Ihren Arbeitstag am Abend oder Sie reduzieren die erfasste Tagesarbeitszeit entsprechend.

Tipp für den Tagesabschluss: Wenn Sie bis abends noch an einer Terminsache arbeiten müssen, setzen Sie sich nicht zu sehr unter Druck. Während zum Beispiel im Büro die große Aufbruchswelle um 17 Uhr beginnt, viele zur Bahn eilen müssen oder die Mitfahrer der Fahrgemeinschaft nicht warten lassen wollen, können Sie im Homeoffice noch entspannt eine Extrastunde anhängen, denn die Fahrt zur Arbeit haben sie ja gespart. Das Ergebnis wird garantiert besser werden, denn innere Hetze verstellt Ihnen den Blick, blockiert das freie Denken und führt schneller zu Fehlern.

Kurze Soll-Ist-Analyse am Tagesende

Am Ende des Tages ist eine kurze Soll-Ist-Analyse empfehlenswert: Welche Aufgaben der Tagesplanung wurden voll erfüllt, welche teilweise und welche gar nicht? Welche Arbeiten kamen hinzu? Anhand der Aufgabenplanung lässt sich leicht erkennen, welche Tätigkeit wie gut verlief. Vermerken Sie das jeden Abend, dann erkennen Sie Ihre Arbeitseffizienz und die Fortschritte in der Produktivität, wenn Sie aus den Analysen lernen. Der Vorgang kostet nur wenige Minuten und bringt Sie mit jedem Durchlauf weiter an das Ziel, die eigene Zeit und Leistungsfähigkeit besser einzuschätzen und zu planen.

Tipp: Schreiben Sie morgens auf, wie viel Aufwand Sie für jede Tagesaufgabe schätzen. Abends kontrollieren Sie, ob Sie richtig lagen. Wiederholen Sie diese Übung, bis Ihre Schätzung auf 20 Prozent genau zutrifft. Wundern Sie sich nicht, falls Sie anfangs um den Faktor drei falsch liegen. Das ist der berüchtigte Faktor Pi (3,14) aus einer alten Management-Regel: Nimm den geschätzten Aufwand mal Pi, dann stimmt's.

Für unerledigte Aufgaben prüfen Sie, ob diese am nächsten Tag in der Priorität weiter nach vorne oder nach hinten rücken. Sollten Sie bemerken, dass ein Pensum nicht in der verfügbaren Zeit zu schaffen ist, kommunizieren Sie das frühestmöglich im Team. Vielleicht hat ein Kollege gerade etwas Luft, um Sie zu unterstützen. Zumindest können sich alle darauf einstellen, dass am Abend nicht das geplante Ergebnis von Ihnen aus dem Homeoffice kommt.

Sollten Sie ständig aus dem Zeitraster fallen, dann besprechen Sie dies mit vertrauten Kollegen, die Ihnen Tipps geben können, und nötigenfalls mit Ihrem Vorgesetzten. Ist Ihr Arbeitspensum zu hoch oder sind Sie ineffizient, weil Sie sich zu Hause nicht konzentrieren können? Falls Letzteres zutrifft, sollten Sie eventuell weniger Homeoffice-Tage einplanen sowie Weiterbildungsangebote zur Entwicklung der Selbstorganisation prüfen.

Virtuelle Teamorganisation und Zusammenarbeit

Bei der persönlichen Planung mit Büro- und Homeoffice-Tagen sind selbstverständlich zuerst die Abteilungsanforderungen zu berücksichtigen, wie Präsenzmeetings mit Kunden, persönliche Mitarbeiterbesprechungen oder eine Mindestpräsenz im Büro. Darüber hinaus haben Sie die Chance, die eigenen Ressourcen so zu organisieren, dass Sie einen guten Arbeitsfluss und eine Balance zwischen Anstrengung und Entspannung erzielen.

Welcher Homeoffice-Typ bin ich? – Selbsttest Teil 3

Gehen Sie die folgenden Aussagen durch und bewerten Sie, ob die Aussage für Sie zutrifft: ja (+); mal so, mal so (±); nein (–).

Teamorganisation	+	±	–
Die Regelungen im Team zu Präsenzzeiten und Pflichtabstimmungen sind allen klar.			
Ich weiß, wann, wo und wie meine Kollegen erreichbar sind.			
Mein Wertbeitrag für den Teamerfolg ist mir und den Kollegen bewusst.			
Das Team verlässt sich auf meine Stärken.			

Informationen werden in unserem Team offen geteilt, auch Informelles.			
Ich gebe Updates, Informationen und Feedback stets schnell weiter.			
Persönliches Ressourcenmanagement	+	±	-
Meinen Biorhythmus (Frühaufsteher oder Abendmensch) kenne ich samt Stärken und Schwächen.			
Ich kenne meine Hochleistungsphasen im Tagesverlauf und weiß diese zu nutzen.			
Pausenzeiten halte ich ein und nutze diese für mein Energiemanagement (Ernährung, Bewegung, Entspannung).			
In meinen Pausen gelingt es mir, auch privaten Anforderungen gerecht zu werden.			
Ich kann private Zeit und Arbeitszeit trennen und eine gute Balance finden.			
Ich weiß meine Energie und meine Kompetenzen für beste Arbeitsergebnisse einzusetzen.			

Im Team planen: Homeoffice und Präsenz im Büro

Der häufige Wechsel zwischen Büro, Zuhause und möglicherweise weiteren Einsatzorten bedeutet eine weitere Komplexität für die Planung. Denn manche Tätigkeiten eignen sich besser für das Homeoffice als andere, zum Beispiel Konzentrationsarbeiten und längere Telefonkonferenzen.

Im Idealfall entwickeln die Teammitglieder untereinander ein einfaches Regelwerk über die flexible Nutzung der unterschiedlichen Arbeitsorte und die erforderliche Planung und Abstimmung: Wer ist wann für die Aufrechterhaltung des Betriebs vor Ort zuständig, wer arbeitet wie viele Tage remote und wer regelmäßig im Homeoffice? Wenn Sie die Leitlinien gemeinsam im Team entwickeln, werden diese den individuellen Bedürfnissen eher gerecht und besser akzeptiert, als wenn sie einfach verordnet werden. Wichtig ist, die Erreichbarkeit für die Kollegen sicherzustellen und Grundregeln der Kommunikation untereinander zu vereinbaren.

Zeit- und Aufgabenabstimmung mit den Kollegen

Im Büro funktioniert die Zusammenarbeit quasi automatisch. Wer gerade Termindruck hat, kann schnell den Kollegen von gegenüber um eine kleine Hilfestellung bitten, um eine Recherche, eine Überprüfung oder Korrekturlesen der Präsentation. Man hilft sich, weil man umgekehrt auch auf den anderen zählen kann. Diese Art der schnellen Unterstützung funktioniert zu Hause natürlich nicht so einfach.

BEISPIEL:

Ihr Homeoffice-Tag war erfolgreich, der Entwurf der Kundenpräsentation ist schon fertig. Jetzt soll der sorgfältige Kollege schnell noch einmal drüberschauen. Sie senden ihm eine elektronische Nachricht, doch er reagiert nicht. Erst ein Anruf bei ihm oder ein Blick in die aktualisierte Anwesenheitsübersicht zeigt, dass der Kollege heute krank ist.

Planen Sie Ressourcen Dritter frühzeitig ein, insbesondere die der entfernt arbeitenden Kollegen. Fragen Sie schon vormittags an, ob der betreffende Kollege sich am Nachmittag für Sie Zeit nehmen kann.

Auch wenn sich die Teammitglieder seltener sehen, bleiben doch die Aufgaben gleich. Jeder im Team muss sich fragen: Wie lassen sich die Aufgaben künftig am besten bewerkstelligen? Welche Aufgaben davon können Sie allein durchführen? Für welche brauchen Sie den engen Austausch mit Kollegen vor Ort? Welche sind reine Teamarbeit, in der Sie Ihre Rolle finden und wahrnehmen sollten?

> Freiheit auf der einen Seite bedeutet umso mehr Verantwortung auf der anderen.

Selbstorganisation versus Teamdynamik

Dass Sie sich die eigene Rolle für den Teamerfolg bewusst machen, ist ein wichtiger Schritt für die eigenverantwortliche Alleinarbeit. Wenn Sie den Mehrwert der eigenen Rolle erkennen, können und sollten Sie auch die Verantwortung dafür übernehmen. Genau das macht den Charme der Arbeit im Homeoffice aus. Sie können relativ frei schalten und walten – nutzen Sie diesen Freiraum.

Beim verteilten Team besteht das Risiko, dass die Teamdynamik abnimmt. Dem entgegenzuwirken ist Aufgabe jedes Teammitglieds. Versuchen Sie, Ihren Wertbeitrag für das Team und seinen Erfolg bewusst zu erhöhen. Wie können Sie zu einem strukturierten Austausch und zum Gemeinschaftsgefühl eines »Winning Teams« beitragen, auch wenn Sie sich nicht mehr so oft sehen? Eine gute Möglichkeit dafür ist, Ihre eigene Kernkompetenz weiter zu stärken, die anderen Kollegen damit zu unterstützen und Ihre Rolle im Team verantwortlich zu übernehmen.

Wenn Sie zum Beispiel ein besonderes Talent für die Erstellung überzeugender Präsentationsfolien haben, können Sie anderen, die sich schwerer damit tun, entscheidend weiterhelfen. Umgekehrt wird ein Kollege Ihnen dafür sicher auch einmal eine für Sie unbequeme Arbeit abnehmen.

> Kompetenzbasiertes Rollenmanagement ist erfolgsentscheidend für die neue Art der Zusammenarbeit. Das Teamergebnis lebt weiterhin vom Geben und Nehmen, von dem gemeinsamen Willen zum Erfolg. Dieser muss auf die Distanz nur stärker organisiert und aktiviert werden.

Arbeitsfortschritt fokussieren und kommunizieren

Zu Hause ist die Dokumentation der eigenen Arbeit besonders wichtig. Zum einen können Sie damit Ihre eigene Tagesleistung samt Zeit im Hinblick auf etwaige Überstunden, Erfolgsmessung oder Projektabrechnung festhalten. Zum anderen sollten auch Ihre Teamkollegen den Projektfortschritt tagesaktuell kennen. Falls Sie ein To-do-Listentool verwenden, markieren Sie den Projektfortschritt oder setzen den Haken bei allen erledigten Punkten. Das gibt nicht nur ein gutes Gefühl, sondern sorgt auch für Transparenz und vermeidet Missverständnisse, wenn Ihre Arbeit – etwa in Form von klar bezeichneten Dateien – auf dem zentralen Cloud-Server abgelegt ist.

Vereinbaren Sie im Team, jeweils am Tagesende einen kurzen Zwischenstand als Update an die Projektkollegen zu kommunizieren. Wie für jeden Arbeitsschritt gibt es auch eine Vielzahl an Online-Tools, die den Status zu jedem Projektschritt, Dokument und jeder Kommunikation an einer Stelle bündeln. Falls das in

Ihrem Team nicht vorgesehen oder erforderlich ist, können Sie zum Beispiel eine E-Mail mit immer gleicher Betreffzeile versenden (Update Tag X: Datei Y finalisiert und zentral abgelegt). Ein klarer Kenntnisstand hilft jedem, am nächsten Tag nahtlos weiterzuarbeiten. Nicht zuletzt helfen tägliche Statusreports, etwaige Reibungsverluste zu vermindern, wenn zum Beispiel ein Kollege krank wird oder am nächsten Tag nicht gleich erreichbar ist.

> Regelmäßige Kommunikation und Transparenz sind zwingend notwendig für die virtuelle Zusammenarbeit von verteilten Teams.

Da gegenseitige Updates und Abstimmungen nicht mehr auf Zuruf möglich sind, wird eine gezielte Kommunikation des Status untereinander immer wichtiger. Information Sharing statt Information Hiding, also Informationen teilen, statt sie zu verstecken, sollte in Zeiten von Share Economy von jedem gelebt werden.

Mit Energiemanagement zu Arbeitserfolg und Zeitgewinn

Individuelle Leistungskurven nutzen

Ein Vorteil der ortsungebundenen Arbeitsweise ist, dass Sie die Arbeiten nach Ihrer individuellen Leistungskurve optimieren können, etwa nach dem Biorhythmus. Menschen, die eine längere morgendliche Anlaufzeit brauchen, können etwas später anfangen und wichtige Gespräche oder Kreativarbeiten auf den Nachmittag legen, Morgenmenschen können ihre Konzentrationsphasen weiter nach vorn schieben. Hauptsache, die Liefertermine und die grundsätzliche Erreichbarkeit sind sichergestellt. Sie können sich im Team auch auf eine »Kern-Erreichbarkeit« einigen, das erhöht die Arbeitsqualität und die Mitarbeiterzufriedenheit.

Finden Sie Ihre persönliche Leistungskurve heraus und gruppieren Sie Ihre Aufgaben danach. Kompliziertes legen Sie auf die Phase Ihres Leistungsmaximums, einfache Aufgaben ins Leistungstief. Die meisten Menschen haben mindestens je ein Hoch am Vormittag und am späten Nachmittag. Andere kennen bis zu vier Phasen am Tag, in denen es gut läuft. Jetzt haben Sie die Flexibilität, diese für sich noch besser zu nutzen.

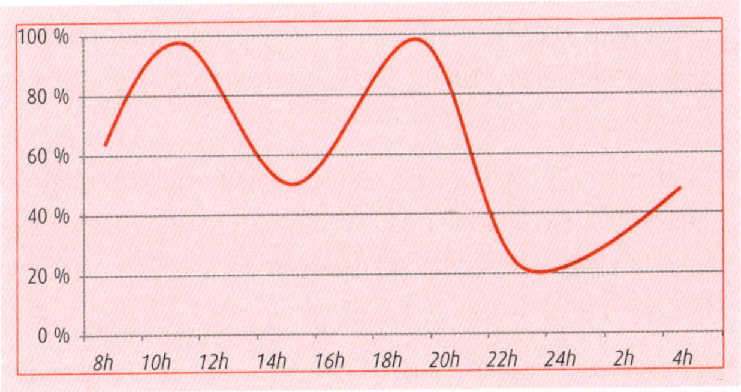

Die tägliche Leistungsfähigkeit ist bei jedem Menschen unterschiedlich verteilt

In Pausen Energie tanken

Regelmäßig kurze Pausen einlegen, aufstehen, durchatmen, lüften, dehnen. Das sind wichtige kleine Rituale, weil Sie zu Hause wahrscheinlich länger »steif und still« im Bürostuhl sitzen und die Wege (Kaffeemaschine, Kühlschrank etc.) kürzer sind als im Büro. Aber lassen Sie sich dabei nicht zu lange aufhalten, etwa durch unerledigte private Dinge oder quengelnde Familienmitglieder. Sie können durchaus eine kurze Pause für kleine Hausarbeiten nutzen oder sich ein kurzes Gespräch mit einem Mitbewohner gönnen. Das sollte ebenso erlaubt sein wie der kurze Smalltalk im Büro. Nach der Pause können Sie wieder konzentrierter durchstarten.

Einfacher gesagt als getan? Wenn der Wechsel zwischen Arbeit und Pause nicht gut funktioniert, helfen folgende Hinweise:

- Konzentriertes Arbeiten funktioniert über einen Zeitraum von 90 bis 120 Minuten gut. Eine anschließende kurze Erholungsphase von drei bis fünf Minuten entspannt und erhält die Leistungsfähigkeit. Legen Sie Pausenzeiten fest und halten Sie diese ein.
- Überlegen Sie sich vor der Pause genau, mit welchem Arbeitsschritt Sie anschließend weitermachen. Eine kleine Notiz hilft, den Faden wiederaufzunehmen und sich nicht von E-Mails o. ä. aufhalten zu lassen.
- Ritualisieren Sie Ihre Pauseneinheiten, z. B.: aufstehen – lüften – tief durchatmen – kurze Dehnübungen – etwas trinken.
- Damit Sie sich nicht lange ablenken lassen, geben Sie sich ein Zeitlimit für eine kurze private Tätigkeit, z. B. zehn Minuten.
- Wenn Sie, wie viele Menschen, nicht viel Platz haben, sollten Sie Hausarbeit wie den Korb mit Bügelwäsche aus dem

Sichtfeld räumen, denn tagsüber liegt Ihr Fokus auf der beruflichen Tätigkeit.

- Nehmen Sie unbedingt Ihre Mittagspause und planen Sie diese fest in Ihre Tagesstruktur ein. Nach dem deutschen Arbeitsschutzgesetz muss bei einer Arbeitszeit von sechs bis neun Stunden eine Arbeitspause von mindestens 30 Minuten eingehalten werden.
- Die Pause sollte einen Kontrast zur Bürotätigkeit darstellen, also lassen Sie den Computer stehen, essen Sie etwas, bewegen Sie sich und sprechen Sie mit Mitbewohnern, Nachbarn oder Freunden, persönlich oder telefonisch. Mit frischem Blick gelingt danach der Wiedereinstieg in den Arbeitsfluss umso besser.

Tipp: Vergessen Sie manchmal die Zeit und ehe Sie sich umsehen ist es 17 Uhr? Stellen Sie sich einen Alarm, der Sie nicht nur an anstehende Online-Konferenzen, sondern auch alle 90 bis 120 Minuten an Pauseneinheiten erinnert. Auch manche Fitnessarmbänder bieten diese Funktion.

Zeitgewinn – Vereinbarkeit von Familie und Beruf

Die viel gerühmte Work-Life-Balance rückt bei der flexiblen Arbeit zu Hause näher, doch sie muss auch organisiert werden. Richten Sie daher den Blick auf die Vorzüge. Nutzen Sie zum Beispiel die regelmäßigen Pausen, um sich mit Familienmitgliedern zu unterhalten. Wenn Sie den gemeinsamen Weg mit den Kollegen zur Kantine als inspirierend oder informativ empfinden, übertragen Sie diese positiven Aspekte auf Ihre Familie und schätzen Sie die Zeit, die sie nun mittags miteinander verbringen können.

BEISPIEL: EIN CHAT MIT KOLLEGEN

Herr W., alleinstehend, berichtet: »Was mir hier im Homeoffice am meisten fehlt, ist der persönliche Kontakt. Ich telefoniere jetzt viel öfter. Mit dem Team haben wir uns schon mal zum Kaffeetrinken und Smalltalk per Telefon verabredet. Auch ein gemeinsames Feierabendbier per WebEx haben wir schon mal ausprobiert. Das hat gutgetan und war richtig lustig.«

Damit Sie nicht komplett vereinnahmt werden und das ständige Zusammensein mit der Familie nicht zur Zerreißprobe wird, achten Sie auch auf eine klare zeitliche Trennung zwischen Arbeit und Privatem. Das bedeutet zum Beispiel, die anstehenden Hausarbeiten so fair wie möglich untereinander aufzuteilen, Grenzen zu ziehen und konsequent zu bleiben. Wenn Sie die Arbeits- und Freizeiten der Woche sowie die Raumnutzung gemeinsam organisieren und mit der Familie abstimmen, kann sich jedes Familienmitglied gleichermaßen einbringen – nach dem Prinzip: loslassen, Rücksicht nehmen und achtsam sein.

> Nach aktuellen Studien verbringen viele Erwerbstätige in Deutschland mehr als eine Stunde auf dem Weg zur und von der Arbeit. Bei einer Fünf-Tage-Woche addiert sich die Pendlerzeit auf über fünf Stunden pro Woche. Selbst wenn Sie nur zweimal pro Woche daheim arbeiten, gewinnen Sie bereits zwei Stunden pro Woche oder acht Stunden pro Monat – wertvolle Zeit, die Sie für andere Dinge nutzen können.

Machen Sie sich den Zeitgewinn und die Kosteneinsparung bewusst. Widmen Sie diese wertvollen Stunden Ihrem Partner, Ihren Kindern, Ihren Freunden oder einfach nur sich selbst und

Ihrem Hobby. Es wäre schade, wenn die gewonnene Zeit gleich wieder im Trubel des Alltags untergehen würde – ohne Energie für sich persönlich zu gewinnen.

Tipp für Führungskräfte: Seien Sie gnädig mit sich selbst und Ihrem Team. Lassen Sie auch mal fünfe gerade sein. Überlegen Sie, in welchen Punkten sie alle im privaten Umfeld Kompromisse eingehen und welche beruflichen Aufgaben vielleicht anders terminiert oder delegiert werden können. Und vermitteln Sie allen einen respektvollen Umgang miteinander, gerade in schwierigen Zeiten.

Auf einen Blick: Die hohe Kunst der Selbstorganisation

- Planen Sie Ihre To-dos, setzen Sie Prioritäten und strukturieren Sie Ihren Tages-, Wochen- und Jahresplan soweit möglich.
- Stimmen Sie das standortunabhängige Arbeiten regelmäßig im Team ab, um Erreichbarkeit und die gemeinsame Zielerreichung zu gewährleisten.
- Kennen, nutzen und kommunizieren Sie Ihre Stärken, um den Arbeitserfolg gezielt unterstützen zu können.
- Überprüfen Sie Ihre Ergebnisse regelmäßig (am besten täglich), um Ihre Planung und Selbstorganisation kontinuierlich zu optimieren.

Digitale Technik souverän nutzen

Für den IT-Arbeitsplatz zu Hause sollten Sie alle Vorteile der modernen Technik nutzen, vor allem hinsichtlich der notwendigen digitalen Kommunikation und der virtuellen Zusammenarbeit. Für den reibungslosen Austausch über elektronische Kanäle ist es entscheidend, dass Sie die für Ihren Arbeitsbereich wichtigen IT-Systeme gut kennen und autark einsetzen lernen.

In diesem Kapitel finden Sie Antworten auf folgende Fragen:

- Welche IT-Ausstattung brauche ich im Homeoffice?
- Welche elektronischen Medienkanäle und Kollaborationssysteme sind für mich geeignet?
- Was ist bei der digitalen Zusammenarbeit zu beachten?
- Wie lassen sich Datenschutz und -sicherheit bei der Remote-Arbeit berücksichtigen?

Moderne IT-Ausstattung ist ein Muss

Die Umstellung auf das Homeoffice erfordert neues Denken. Die digitale Technik steht schon seit Jahrzehnten bereit, doch wurde sie bislang nur zögerlich eingesetzt. Denn das bedeutet, eine große Umstellung und einen Paradigmenwechsel wahrzunehmen: von der konkreten zur abstrakten, virtuellen Arbeit. So ist es auf Dauer wenig effizient, Papierdokumente oder Dateien zwischen Kollegen hin- und herzuschicken. Für die Zusammenarbeit in einem verteilten Team ist eine digitale Ablauforganisation mit durchgängig elektronischen Workflows und zentralem Speicherort heute ein Muss.

Cloud-Infrastruktur für den standort- und zeitunabhängigen Zugriff

Die technische Infrastruktur für Dokumente und Prozesse basiert heute meist auf einer Cloud-Technologie, die auf dem Firmengelände (»on premise«) oder bei einem Dienstleister (»hosted«) betrieben wird. Dort werden die Daten zentral unter höchsten Sicherheits- und Hochverfügbarkeitsauflagen gespeichert und für die einzelne oder gemeinsame Nutzung (Filesharing) bereitgestellt. Der klare Vorteil: Die zentrale Ablage ist stets aktuell, denn es werden keine Kopien (mit der Gefahr unterschiedlicher Versionsstände) hin und her kopiert. Es ist nicht mehr nötig, selbst eine eigene Sicherungskopie zu erstellen. Die Nutzer benötigen lediglich einen Remote-Zugriff auf das Firmennetz, einen Überblick über die virtuelle Ablagestruktur und die für die eigene Tätigkeit erforderlichen Dokumente und Applikationen.

Wichtig für die gemeinsame Bearbeitung von digitalen Informationen sind

- die genaue Abstimmung mit den Kollegen über die Ablagehierarchie,
- ein ausreichendes Digitalwissen für den souveränen Einsatz der digitalen Tools in der Alleinarbeit,
- die Kenntnis der Nutzungsbedingungen,
- die strikte Beachtung der Unternehmensrichtlinien für Datenschutz und Datensicherheit.

Das wichtigste Element für die meisten Nutzer ist und bleibt dabei eine Dateiablage, die unterschiedliche Bearbeitungsstände vermeidet oder zumindest klar kennzeichnet. Für diesen Zweck gibt es Systeme zur automatischen Versionierung, doch diese sind eher für Projektmanager, Softwareentwickler und fortgeschrittene Anwender geeignet. Für die Bearbeitung von Office-Dateien in Word, Excel, PowerPoint u. ä. ist es meist einfacher, innerhalb eines Teams eine klare Dateinamensregelung festzulegen und auf deren strikte Einhaltung zu achten.

Tipp: Falls nicht vorhanden, vereinbaren Sie im Team eine klare Konvention für die Cloud-Ablage. Zum Beispiel sollten die Bezeichnungen für Verzeichnisse und Dateien immer dem gleichen Schema folgen. Gibt es mehrere Versionen eines Dokuments, empfiehlt es sich, das Datum und nötigenfalls auch die Uhrzeit an den Anfang des Dateinamens zu stellen. Dadurch können alle im Team klar nachvollziehen, wann die Version entstand. Die in Dateiablagesystemen enthaltenen automatischen Zeitstempel, zum Beispiel das Feld in einer Worddatei zum automatischen Einfügen des Datums, sind hierfür leider ungeeignet, denn zahlreiche Office-Anwendungen überschreiben diese Information bereits, wenn ein Nutzer die Datei nur zum Lesen öffnet. Ein mögliches Schema:

JJJJMMTT_Kurzer_Projektname_Inhalt_Bearbeiterkürzel

Systemvoraussetzungen

Meist stellt der Arbeitgeber ein eigenes Notebook für die mobile Arbeit bereit. Darauf sind die firmeneigenen Softwarelösungen und Netzzugänge vorinstalliert, so dass es keine Vermischung von vertraulichen Firmendaten mit privaten Informationen gibt. Idealerweise gibt es auch für die heimische Nutzung des Geräts eine Dockingstation, um alle Verbindungen zu Strom, Tastatur, Monitor und sonstigen Peripheriegeräten herzustellen.

Alternativ kann das Unternehmen die wesentlichen Applikationen per Web-Anwendung oder Fernzugriff bereitstellen, falls Sie Ihr eigenes Gerät benutzen. Einige Unternehmen bieten USB-Sticks als Komplettsysteme an, die das private Notebook kurzerhand zum Firmengerät umfunktionieren und die berufliche von der privaten Nutzung trennen. Wichtig bei der Verwendung von privaten Geräten ist immer die Absicherung des beruflichen Bereichs, auch gegen unbeabsichtigte Fehler.

Fragen Sie sich selbst in Bezug auf das Homeoffice:

- Welche IT-Lösungen brauche ich unbedingt?
- Welche beherrsche ich gut?
- Wo habe ich Nachholbedarf?

Oft kommt es zu der Situation, dass am Heimarbeitsplatz der Zugriff auf eine Fachanwendung fehlt, die nur firmenintern verfügbar ist. Teils sind die Anwendungen nicht als Web- oder Server-Anwendung verfügbar, teils gibt es Sicherheitsbedenken. Vielleicht hat die IT-Abteilung auch schlicht noch keine Zeit für den nötigen Umbau gefunden. Für gelegentliche Zugriffe oder in Notfällen können Remote Access Tools, wie der von einem deutschen Hersteller angebotene Teamviewer, die Zeit bis zur Umstellung überbrücken. Eigentlich wurde dieser IT-Helfer zur Fernwartung von PCs entwickelt, doch heute können PCs damit auch komplett ferngesteuert werden. Im Unternehmen läuft dann ein PC oder Server mit der Fachanwendung und dem Remote Access Agent. Zu Hause greift der Anwender mit der Fernwartungssoftware auf diesen Rechner zu und ihm wird lediglich der Bildschirminhalt auf dem eigenen Notebook angezeigt. Microsoft Windows hat diese Funktionalität mit Einschränkungen bereits an Bord, allerdings muss der Firmenadministrator das Zugangsnetz geeignet absichern und konfigurieren.

Web-Applikationen von überall abrufbar

Viele Unternehmensanwendungen stehen als Web-Applikation bereit. Sie benötigen dafür kein spezielles Gerät, nur einen Browser und Ihre Zugangsdaten. Von der Groupware mit E-Mail, Kalender, Dateiablage, Chat- und Konferenzsystem bis zu Office-Anwendungen und betriebswirtschaftlicher Unternehmenssoftware lassen sich viele Standardaufgaben daheim oder unterwegs komplett im Browser erledigen, auch auf dem Smartphone. Das Gerät muss nicht einmal Ihr eigenes sein, solange es sicher ist. Der Vorteil liegt auf der Hand: Auch ohne besondere Software oder Geräte sind Sie nahezu überall einsatzbereit, sobald Ihnen ein Internetzugang zur Verfügung steht.

Produktiv arbeiten am großen, externen Monitor

Angesichts der vielen Applikationen, die ein Anwender heutzutage gleichzeitig geöffnet haben muss, empfiehlt sich ein größerer Bildschirm. Modern ausgestattete Computerarbeitsplätze im Büro umfassen häufig schon mehrere externe Monitore, die zusätzlich zum Notebook aufgestellt werden und genug Platz für alle benötigten Softwarefenster bieten. So kann zum Beispiel auf dem kleineren Bildschirm der E-Mail- und/oder Chatverkehr verfolgt werden und auf dem größeren ist die Hauptanwendung offen, wie ein Fachprogramm, eine ERP- oder eine Office-Anwendung. Damit behalten Sie auch im Homeoffice den Überblick.

Tipp: Falls Sie zu Hause keinen externen Monitor haben, lässt sich auch der Fernsehbildschirm verwenden. Manche Geräte können sich per WLAN mit dem Computer verbinden, andere benötigen ein HDMI- oder DVI-Kabel, das für einige Euro im Fachhandel erhältlich ist. Praktisch alle modernen Fernseher bieten diese Möglichkeit: Nutzen Sie einfach die »Quelle«-Taste auf der Fernbedienung, um das zu prüfen. Achten Sie auf den richtigen Abstand zum Monitor: 1,40 Meter bei 55-Zoll- und 1,65 Meter bei 65-Zoll-Bildschirmen.

»Scan it or lose it« – Informationen digitalisieren statt verlieren

Es empfiehlt sich, Papierdokumente gleich nach Eingang zentral im Unternehmen einzuscannen (digitalisieren). Das Speichern in der gemeinsamen Online-Ablagestruktur macht den Zugriff durch die autorisierten Kollegen jederzeit möglich. Das Gleiche gilt für den Heimarbeitsplatz: Wenn Sie häufig Papierunterlagen erhalten, können Sie sich mit Unterstützung des Arbeitgebers einen kleinen mobilen Scanner mit integrierter Zeichenerkennung anschaffen. Diese Geräte sind hoch leistungsfähig und zugleich so handlich, dass sie leicht Platz finden. Wer keinen professionellen Dokumentenscanner hat, kann sich mit dem Handy behelfen. Suchen Sie dazu eine Scan-App wie das kostenlose Office Lens von Microsoft und einen Platz mit gleichmäßiger Beleuchtung.

Tipp: Wenn zu Hause noch nicht alles ideal ausgestattet ist, legen Sie das Gitter aus dem Backofen zwischen zwei gleiche hohe Gegenstände wie Bücherstapel oder Getränkekisten. Das Handy legen Sie so auf das Gitter, dass die Kamera zwischen den Gitterstäben hindurch ein auf dem Boden liegendes Blatt klar erfasst. So werden alle Papiere sauber und gleichmäßig eingescannt. Im Gegensatz zur Kamerafunktion können die meisten Scan-Apps mehrseitige Dokumente in einem Rutsch erstellen.

> Welche Tools Ihr Unternehmen oder Ihr Projektteam bevorzugt, ist nicht so wichtig wie der gekonnte Umgang damit.

Besonders für die Aufgabenverwaltung eignen sich vollständig digitale Helfer. Es gibt sie in den verschiedensten Versionen – vom Miniwerkzeug für die Tagesliste bis zur mächtigen Projektmanagement-Software. Wahrscheinlich haben Sie bereits Zugang zu einem passenden Tool, denn die meisten Groupware-Systeme verfügen über eine Aufgabenverwaltung, in der Sie Projekte und Termine eintragen und abhaken können. Egal ob *Task-Planer, Meine Aufgabe, Remember the Milk* oder *Microsoft To-do* (mit Outlook verknüpft): In typischen Groupware-Systemen können Sie auch mehrere To-do-Listen anlegen und gezielt mit Teamkollegen teilen. Das erspart Rückfragen und reduziert Ihren E-Mail-Verkehr.

Von der persönlichen zur digitalen Kommunikation

Für die standortübergreifende Kooperation stehen schon seit Jahrzehnten digitale Systeme bereit, die laufend weiterentwickelt werden. Weit verbreitete Vertreter sind Microsoft Teams, Slack, Cisco WebEx, Zoom, GoToMeeting oder Google G Suite. Daneben existieren spezialisierte Plattformen für Aufgaben wie das Management von Projekten, Kundenservice, Softwareentwicklung und viele weitere.

Die Zielsetzung ist immer dieselbe: Mehrere Personen wollen so effizient wie möglich gemeinsam arbeiten. Deshalb sind Kollaborationssysteme eigentlich weder eine Voraussetzung noch eine Besonderheit für das Homeoffice. Allerdings können ihre Vorteile die Arbeit in verteilten Teams deutlich erleichtern. Auch zum Wir-Gefühl können diese Anwendungen beitragen: So steigert ein täglicher Coffee Call, bei dem sich die Mitarbeiter nur über Persönliches unterhalten, die Motivation und den Teamgeist.

BEISPIEL: DER DIGITALE SMALL TALK

Frau A. berichtet: »Neben E-Mails und Telefonaten benutzen wir WebEx. Allerdings funktionieren Videoübertragungen bei großen Gruppen nicht fehlerfrei. Zudem sind die Mittagspausen ziemlich einsam. Letzte Woche haben wir daher einen »Slack-Kaffeetratsch-Kanal« eingerichtet, auf dem jeder erzählen kann, wie es so geht. Das ist großartig und hilft mir sehr, den Kontakt mit den Kollegen zu halten.«

Digital arbeiten – anywhere, anytime

Machen Sie sich frühzeitig mit den Grundfunktionen Ihres Kollaborations- oder Konferenzsystems vertraut. Insbesondere ist es für alle Teilnehmer lästig und ineffizient, wenn sich verspätete Teilnehmer zu Beginn entschuldigen und minutenlang über die Unzulänglichkeiten des Systems auslassen.

Kleine Hochrechnung zur Verringerung der Produktivität: Wenn dies nur sechs Minuten in Anspruch nimmt, dann summiert sich der Zeitverlust bei nur fünf Teilnehmern bereits auf eine halbe Stunde.

BEISPIEL: WAS IN VIDEOKONFERENZEN SO RICHTIG STÖRT

Herr F. hat viel zu tun und ist leicht genervt. Er muss täglich Video- oder Telefonkonferenzen mit Kollegen und Geschäftspartnern führen und durch das Drumherum verliert er immer wieder wertvolle Arbeitszeit. Nicht nur die ersten fünf Minuten sind meist unproduktiv, auch zwischendurch stört einiges: »Sorry, dass ich zu spät bin, hatte Probleme mit dem Einwählen.« – »Hallo, können Sie mich hören? Hallo?« – »Mein Kind schreit, ich muss kurz raus.« – »Ist eigentlich Herr Müller auch da?« – »Bin in der Bahn, kann sein, dass ich gleich rausfliege.« – »Bitte wiederholen, kann Sie schlecht verstehen.« – »Könnt ihr bitte auf stumm schalten, da ist irgendwo Krach im Hintergrund.«

Hier helfen klare Regeln. Mehr Gesprächsdisziplin von externen Partnern zu fordern, ist zwar kaum möglich, aber zumindest intern lässt sich das zur Regel machen (siehe dazu die Dos & Don'ts am Ende des Kapitels).

Konferenzsysteme ausgiebig testen

Jedes Konferenzsystem hat einen unterschiedlichen Funktionsumfang und seine Vor- und Nachteile. Manche sehen zwar auf den ersten Blick sicher aus, entpuppen sich bei näherer Betrachtung jedoch als unzuverlässig beim Umgang mit vertraulichen Daten. Daher ist ausgiebiges Experimentieren ratsam. Machen Sie den Praxistest, am besten mit einem vertrauten, entfernt arbeitenden Kollegen und testen Sie die Grundfunktionen wie das Präsentieren von Dokumenten oder Teilen von Bildschirminhalten, das Umschalten des Präsentationsmodus oder das Einrichten von Video und Ton. Niemand beherrscht diese Tools auf Anhieb. Spielen Sie die typischen Aufgaben durch und nehmen Sie sich ausreichend Zeit, denn das Konferenzsystem ist Ihr Fenster zur Außenwelt.

Testfragen: Wie gut beherrschen Sie Ihr Konferenzsystem?

- Funktioniert mein Mikrofon? Klinge ich verständlich?
- Wie schalte ich den Lautsprecher aus und wieder an?
- Wie prüfe ich die Kopfhörer auf Funktion?
- Wie schalte ich mich selbst und andere stumm (»mute«)?
- Wie schalte ich die Kamera an und aus?
- Kann ich eine Datei präsentieren?
- Wie teile ich meinen Bildschirm und wie beende ich das Teilen?
- Wo finde ich die spezielle Testfunktion des Systems für Trockenübungen? Falls sie nicht existiert, mit welchem Kollegen kann ich gemeinsam üben?

> Eine goldene Online-Konferenzregel basiert auf Murphy's Law: Was nicht getestet ist, geht garantiert schief.

Drei Tipps für erfolgreiche Telefon- und Videokonferenzen

Online-Konferenzen haben einen großen Vorteil: Sie sind schneller und effizienter als persönliche Meetings. Die Voraussetzung ist allerdings eine gute Vorbereitung in Form eines klar definierten Themas und Zeitrahmens. Wichtig ist die Kürze, denn eine längere Videokonferenz ist für die Menschen physisch und mental anstrengend, müssen sie doch fast unbeweglich vor der Kamera sitzen und sich auf das begrenzte Sichtfenster des Monitors und den einen Akustikkanal stärker konzentrieren, als wenn sie mit anderen Menschen in einem Raum interagieren.

> Die Aufmerksamkeitsspanne ist bei einer Videokonferenz auf ca. 45 Minuten limitiert. Je kürzer, desto konzentrierter sind die Teilnehmer. Setzen Sie daher maximal eine Stunde an und führen Sie effizient durch die Agenda. Für ein Brainstorming mit offenem Ende planen Sie stündlich Pausen ein.

Tipp 1: Die perfekte Vorbereitung

Gut geplant ist halb gewonnen. Zusätzlich zu den inhaltlichen Vorarbeiten sind die technische Vorbereitung und das Testen einer Online-Konferenz erfolgsentscheidend.

Quick-Check vor der Konferenz	✓
Blick in den Spiegel, Gang zum WC oder Kühlschrank, Wasser bereitstellen	
Präsentationsdateien vorher öffnen und zur ersten Seite blättern	
Zugangsdaten zur Konferenz bereitlegen	
Handy stumm schalten, Benachrichtigungstöne am PC ausstellen	
Headset aufsetzen	
Kamerabild, Beleuchtung und Hintergrund prüfen	
Vertrauliche Fenster vor dem Bildschirmteilen schließen	
Agenda und alle erforderlichen Dokumente bereithalten	
Stift und Notizbuch in Griffweite legen	

Tipp 2: Richtig telefonieren mit passendem Headset

Klemmen Sie das Telefon nie zwischen Kopf und Schulter. Das löst Verspannungen aus, kann die Aussprache unklarer machen und zu störendem Geraschel führen.

Ein gutes Headset mit integriertem Mikrofon gehört zur Grundausstattung eines professionellen Homeoffice. Moderne Geräte, leicht und flexibel an die Kopfform anpassbar, stellen eine gute Sprech- und Hörqualität sicher und integriertes Bluetooth vermeidet Kabelsalat. So haben Sie beide Hände frei, um am Computer etwas zu präsentieren oder mitzuschreiben.

Die wichtigste Regel: Jeder Kopf ist verschieden – probieren Sie daher mehrere Headset-Varianten aus. Falls Geräusche aus dem Hintergrund Sie beim Zuhören stören, empfehlen sich geräuschmindernde oder geräuschkompensierende Kopfhörer. Hilfreich sind z. B. Kopfhörer mit geschlossenen Hörmuscheln, ein binaurales Headset mit zwei Ohrhörern links und rechts oder Kopfhörer mit aktiver Schallunterdrückung. Einige Menschen empfinden geschlossene Kopfhörer als störend, zumal sich Dampf und Schweiß ansammeln können. Andere kommen mit Ohrstöpseln nicht zurecht. Es gibt keine Patentlösung, aber für jeden Kopf findet sich irgendwann die richtige. Vielleicht kann Ihr Arbeitgeber Ihnen eine adäquate Variante bereitstellen?

> Besonders klar klingt ein Mikrofon, das nahe am Mund ist. Idealerweise befindet es sich außerhalb des ausgeatmeten Luftstroms, etwa auf Höhe des Kinns. Das vermeidet Schnaufgeräusche und laute Störungen beim Räuspern. Außerdem ist das Mikrofon dadurch unempfindlicher gegen eventuell unvermeidliche Störgeräusche aus der Wohnung eingestellt.

Tipp 3: Der perfekte Video-Look

Es gibt unzählige amüsante Videos von völlig misslungenen Videokonferenzen. Die Beispiele reichen vom durchs Bild wandernden Haustier oder Mitbewohner über peinliche Gegenstände im Hintergrund bis zum schwarzen Ritter, der aus der Dunkelheit spricht. Wenn Sie eine gute Figur machen möchten, beachten Sie diese einfachen Tipps:

- neutraler Hintergrund (manche Systeme halten Hintergrundbilder zur Auswahl bereit)
- gepflegte Kleidung, mindestens am Oberkörper, besser insgesamt
- diffuse Lichtquelle, die Reflexionen und Schatten vermeidet
- geschlossene Tür, um Geräusche zu mindern
- richtige Sitzhöhe und -position, so dass das Gesicht mittig erscheint
- vorher testen, testen, testen

Verhalten Sie sich bei einer Videokonferenz genauso wie bei einem persönlichen Meeting. Denn jede kleine Panne, auch die nicht von der Kamera erfasste, kann Störgefühle verursachen und peinlich wirken, wenn es doch einmal zu ungeplanten Bewegungen kommt.

To-do-Liste für Telefon- und Videokonferenzen

Wesentliche Eckwerte vorab definieren:

- Termin, Zeitrahmen und Thema festlegen
- Agenda festlegen und vorab an Teilnehmer versenden für Vorbereitung bzw. weitere Vorschläge
- Moderator benennen
- falls Protokoll erwünscht, festlegen, wer das übernimmt

To-dos für den Einladenden

- Einladung an Teilnehmer versenden mit Konferenzplattform, Einwahldaten, Link und Agenda
- Konferenz ein paar Minuten vorher eröffnen und ggf. bis zum offiziellen Beginn auf stumm schalten

To-dos für Konferenzleiter/Moderator

Einführung zu

- Thema und Zielsetzung
- Agenda
- Zeitrahmen (max. 1 h, sonst Pausen einplanen)
- Umgang mit Fragen: während des Gesprächs, per Chat, am Ende (bei großer Gruppe ist Chat für Fragen empfehlenswert für koordinierte Beantwortung)

Alle Teilnehmer zu Beginn namentlich begrüßen oder sich kurz vorstellen lassen

Durch das Gespräch führen und

- Redebeiträge und Fragen zielorientiert steuern
- auf Einhaltung des zeitlichen Rahmens achten, ggf. nachfolgende Einzel-Meetings für Detailthemen vereinbaren
- alle Teilnehmer aktiv führen, mitnehmen, besonders die zurückhaltenden ansprechen, ob sie eventuell noch etwas zu ergänzen haben
- am Schluss die Konferenzergebnisse zusammenzufassen
- die nächsten Schritte mit Aufgaben (wer, was, wann, wie) klar formulieren

Dos & Don'ts für alle Teilnehmer	
Dos	**Don'ts**
Technik ausprobieren inkl. Lautsprecher und Mikrofon, ggf. vorher testweise einwählen	Konferenztools und Funktionen nie während einer wichtigen Konferenz testen; nicht lange jammern über Komplexität der Technik
Früh einwählen, auf Pünktlichkeit und Effizienz achten, aber kurzer Smalltalk zu Beginn lockert auf	Unpünktlichkeit; ausführlicher Smalltalk oder Einzelgespräche untereinander sind unerwünscht
Wer nicht redet, schaltet auf stumm (»mute«)	Störgeräusche minimieren: ▪ Hintergrundgeräusche (Hall, Büro-, Straßen-, Hauslärm) ▪ Räuspern, lautes Atmen oder Stöhnen ins Mikrofon ▪ Klimper- und Klopfgeräusche durch Stift, Hand- und Fingerbewegungen, Schmuck, Papiergeraschel u.ä. ▪ Gesprächsführung nicht unterbrechen (besser Fingerzeig- bzw. Chatfunktion nutzen)
Popup-Fenster, Push-Nachrichten, Klingeltöne ausschalten	Visuelle Störungen und Unterbrechungen von vorneherein vermeiden (auch von Familienmitgliedern)
Stabiles Netz suchen für klare Akustik	Schlechte Verbindung, Netzprobleme, Gesprächstrennung

Dos & Don'ts für alle Teilnehmer	
Dos	**Don'ts**
Haltung annehmen, auf Erscheinungsform und Stimme achten	Leises, undeutliches Sprechen, ungepflegtes Äußeres, unaufgeräumter Hintergrund
Redepausen aushalten können	Pausen füllen (»Pausenclown«)
Auf eigenes Meeting-Ziel achten, nachfragen, wenn Unklarheiten bestehen	Unkonzentriert und gelangweilt teilnehmen, parallel anderes lesen oder weiterarbeiten (Tippgeräusche sind unhöflich)

Und noch ein Tipp: Verwenden Sie nicht automatisch Video Conferencing Tools, wenn es nichts zu visualisieren gibt. Häufig reichen ein Telefonat oder eine Telefonkonferenz völlig aus. Denn zugleich auf Bild und Ton, angezeigte Dateien, die persönliche Haltung und den eigenen Hintergrund zu achten, lenkt Aufmerksamkeit und Fokus von der Diskussion ab.

Universaltool E-Mail

Es gibt wohl kaum ein Tool, das universeller einsetzbar ist als die E-Mail. Das liegt an der unglaublich langen, erfolgreichen Weiterentwicklung seit den 1970er-Jahren. Durch den systemübergreifenden Standard gilt E-Mail als das Schweizer Taschenmesser unter den Kommunikationstools: »If all else fails, mail it« (falls alles andere fehlschlägt, schreibe eine E-Mail) lautet ein Standardspruch im internationalen Geschäft. Innerhalb eines Unternehmens sind andere Kommunikationswerkzeuge oft effizienter, aber für die Kommunikation mit externen Geschäftspartnern ist E-Mail das Universaltool.

Verwenden Sie ein internes E-Mail-System Ihrer Firma, so sind die Dateien nur im geschlossenen Adressatenkreis unterwegs und damit sicher. Denn auch vom Homeoffice oder Smartphone aus ist die Verbindung zum firmeneigenen Mailserver standardmäßig verschlüsselt. Ganz anders sieht die Situation beim Austausch mit externen Mailsystemen und Empfängern aus. Es gibt zwar auch hier absolut sichere Systeme, doch die wenigsten Anbieter und Betreiber von Mailsystemen machen sich die Mühe, sie einzusetzen.

Tipp: Lesen Sie Mails nur zu vorab festgelegten Tageszeiten. Viele erfolgreiche Menschen wenden die Dreier-Regel an, die für das Homeoffice erst recht zu empfehlen ist: Morgens E-Mails lesen und Aufgaben planen, mittags ein Check auf Änderungen und spätnachmittags prüfen, ob wichtige Updates vorliegen, die in die Planung des nächsten Tages einfließen sollten.

Alternativ zum Chat-System können Sie E-Mail auch für Kurzinformationen nutzen, indem Sie kurze Rückfragen oder Updates im Betreff klar formulieren und z. B. EOT (End of Text) oder EOM (End of Message) oder kwT (kein weiterer Text) ans Ende der Betreffzeile stellen. So steht die gesamte Botschaft in der Betreffzeile und ist auf einen Blick zu erkennen, ohne die E-Mail öffnen zu müssen. Mit dieser Methode haben Sie nur einen Nachrichtenkanal offen. Für eilige Nachrichten verwenden Sie die Einstellung »Hohe Priorität«. Wenn Sie aber vor jede E-Mail »EILT« in die Betreffzeile schreiben, machen Sie sich unglaubwürdig und werden schlimmstenfalls ignoriert.

> Legen Sie im Team eine von allen akzeptierte Methode für wichtige Nachrichten fest und vereinbaren Sie den disziplinierten Umgang damit. Setzen Sie auch diese Kommunikationsform sparsam ein.

Kooperation im verteilten Team

Kommunizieren in der virtuellen Herde

Eine besondere Herausforderung stellt die spontane und informelle Abstimmung mit Kollegen dar. Idealerweise pflegen alle ihren elektronischen Terminkalender und öffnen ihn so weit, dass die verteilten Teammitglieder sehen, wer »beschäftigt«, »verfügbar« oder »abwesend« ist. Eine Reihe von Collaboration Tools geben diesen Status in Echtzeit an, etwa durch ein Farbsymbol beim Profil des Gruppenmitglieds. Wenn Sie diese Mechanismen konsequent nutzen, verhalten Sie sich höflich und erhöhen die Effizienz aller. Anders herum: Wenn Sie Ihren Status 24 Stunden am Tag als »beschäftigt« einstellen, führen Sie das System ad absurdum.

Respektvolle und organisierte Kommunikation

Regeln helfen beim Zusammenleben, deshalb sollten Sie auch Vereinbarungen für das virtuelle Arbeitsleben treffen. Zum Beispiel ist es ein Zeichen von Respekt, wenn sich jeder im Team vorher überlegt, was er an einem Tag mit einem Kollegen absprechen möchte, statt jede Viertelstunde wegen einer weiteren Frage anzurufen.

Das Gleiche gilt für elektronische Nachrichten. Beschreiben Sie den Grund möglichst genau in der Betreffzeile und packen Sie nur einen zusammengehörigen Sachverhalt oder eine Aufgabe in eine E-Mail. So kann der Empfänger die Bearbeitung leicht priorisieren und zum Beispiel eine Anfrage in verschiedene Ordner sortieren wie »Erledigt«, »To-do«, »Bis Ende der Woche«. Eiliges wird umgehend wahrgenommen und kann sofort erledigt werden.

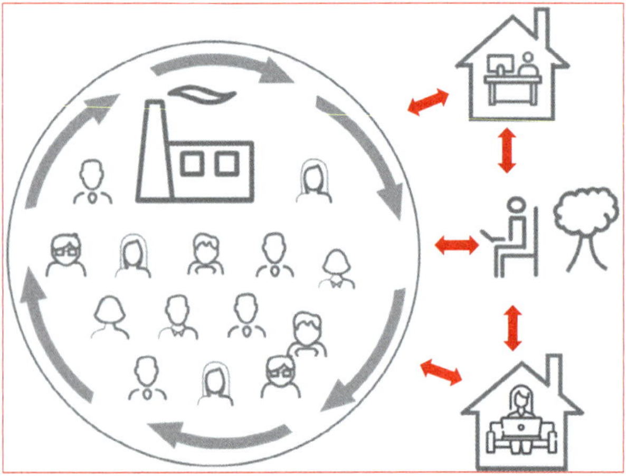

Standortübergreifender Informations- und Kommunikationsfluss bedarf klarer Regelungen

Denken Sie daran, dass durch die räumliche Trennung nicht mehr jeder alles automatisch mitbekommt, insbesondere den durchaus wichtigen informellen Informationsfluss. Wer entfernt arbeitet, will deshalb nicht ausgeschlossen sein. Viele Collaboration-Plattformen bieten spezielle Kanäle und Wikis zu Themen, die sonst leicht unter die Räder kommen: Fachwissen, abteilungsübergreifende Engagements, Sport oder Freizeitaktivitäten sowie Sicherheits-Updates und Informationen, die früher am schwarzen Brett oder in der Cafeteria ausgetauscht wurden. Bedenken Sie, all diese Informationen müssen durch das digitale Nadelöhr.

Auch manche sozialen Netzwerke bieten eigens zu diesem Zweck gegen die Außenwelt abgeschirmte Firmenversionen ihrer Plattformen an. Alternativ gibt es eine Vielzahl von Spezialanbietern und Lösungen, die jede Firma selbst betreiben kann. Wichtig ist nur, dass sie im Team funktionieren. Besprechen Sie intern, welche Plattformen in Frage kommen. Vielleicht genügt schon ein weiterer Channel in Slack oder ähnlichen Systemen.

> Wo früher ein Blick genügte, ist beim verteilten Arbeiten mehr Achtsamkeit gefragt. Hören Sie also besonders gut hin, geben Sie konstruktives Feedback und sprechen Sie bewusst Dank und Wertschätzung aus.

Tipp: Für regelmäßige interne Team Meetings und Statusreports kann es sich lohnen, dass nicht die Führungskraft, sondern die Mitarbeiter abwechselnd die Moderation übernehmen. Der Mitarbeiter, der protokolliert, übernimmt beim nächsten Mal gut vorbereitet die Moderation. Das hat den Vorteil, dass jeder lernt, schnell und effizient durch eine Konferenz zu führen, seine eigene Rhetorik und Themen gut im Griff zu haben. Und durch diese kontinuierliche Abwechslung steigt auch die Aufmerksamkeit aller.

Datenschutz und Datensicherheit

Datenschutz besonders zu Hause unverzichtbar

Beim Datenschutz geht es primär nicht um Technik, sondern um den vertrauenswürdigen Umgang mit sensiblen Daten. Unterlagen und Bildschirminhalte mit Daten Ihres Arbeitgebers sind nicht für die Augen Dritter bestimmt. Das ist gerade beim vertrauten familiären Umgang eine harte Grenze, an die Sie und Ihre Mitbewohner sich erst gewöhnen müssen. Dieses Kapitel betrifft Sie vor allem dann, wenn Sie im Homeoffice nicht allein sind. Sobald weitere Personen den Wohnraum mit Ihnen teilen, müssen Sie ganz besonders auf die Vertraulichkeit achten.

So schützen Sie Ihre Daten

1. Bei mangelnder Privatsphäre bedarf es besonderer Sensibilität. Falls andere mithören könnten, kommunizieren Sie Vertrauliches eher in einer Textnachricht als in einem Telefongespräch.
2. Sperren Sie Ihr Notebook, sobald Sie Ihren Platz verlassen, bei Windows über die Windowstaste + L, bei Mac-Systemen über das Apfelsymbol oben links + »Bildschirm sperren«.
3. Stellen Sie einen Bildschirmschoner ein, der nach wenigen Minuten Inaktivität automatisch einsetzt und nur mit Passwort zu öffnen ist.
4. Papierabfall, der eventuell sensible Daten enthält, sollte geschreddert werden.
5. Verstauen Sie alle Dokumente mit schützenswerten Daten sofort nach Gebrauch in einem abschließbaren Schrank oder Koffer.

Die EU-weite Datenschutz-Grundverordnung (DSGVO) von Mai 2018 fordert von jedem Unternehmen besondere Sicherheitsvorkehrungen bei der Verarbeitung personenbezogener Daten, auch im Homeoffice. Dies nicht ohne Grund: Der Lagebericht des Bundesamts für Sicherheit in der Informationstechnik (BSI) 2019 warnt vor einer »hoch angespannten Gefährdungslage« für Internet-Sicherheit. Die meisten Erwerbstätigen haben inzwischen eine hohe Sensibilität dafür entwickelt. Wer sich dennoch an manchen Stellen nicht sicher ist, sollte sich an den Datenschutzbeauftragten des eigenen Unternehmens wenden. Weitere Details dazu finden Sie auf www.datenschutz-grundverordnung.eu.

> Viele Studien und aktuelle Vorfälle belegen es: Das größte Sicherheitsleck von Organisationen ist unvorsichtiges Verhalten sowie Fehler seitens der Menschen. Gerade bei der Arbeit zu Hause oder unterwegs besteht ein erhöhtes Risiko von Datendiebstahl oder unbefugtem Zugriff auf vertrauliche Unternehmensdaten.

Produktiv und sicher unterwegs

Ganz gleich ob im Homeoffice, im Zug oder an einem anderen Ort: Das heimische WLAN, der öffentliche Hotspot oder das eigene Smartphone ersetzen das Firmen-LAN nur bedingt. Bevor Sie einen neuen Platz in der Wohnung oder anderswo zum Arbeitsplatz küren, sollten Sie dort das Netz prüfen. Die Balkenanzeige am Notebook oder Smartphone reicht dazu nicht aus.

Tipp: Testen Sie die Performanz der digitalen Verbindung (bei einem Ortswechsel), indem Sie eine Videoverbindung zu Ihrem Collaboration- oder Konferenzsystem aufbauen, z. B. über einen Skype-Call. Wenn diese Anwendungen, die eine hohe Bandbreite benötigen, stabil laufen, reicht die Verbindungsqualität in der Regel auch für alle anderen Anwendungen.

Besonders wichtig ist es, unterwegs stets die Datensicherheit im Auge zu behalten. Viele Arbeitgeber nutzen zwar VPN-Lösungen zur verschlüsselten Kommunikation mit dem Firmennetz. Doch Ihr Gerät bleibt ein heikler Angriffspunkt, denn dort liegen die Daten gezwungenermaßen spätestens dann unverschlüsselt vor, wenn Sie damit arbeiten. Wer kennt Ihr WLAN-Passwort, welche Personen nutzen das gleiche Netz? Verbinden Sie sich nicht mit unbekannten Netzwerken von fragwürdiger Sicherheit.

Im Zweifel gilt die goldene Regel für IT-Sicherheit: Gehen Sie davon aus, dass alles unsicher ist, bis Sie das Gegenteil ganz genau wissen. Besonders fremde, unbekannte Hotspots sind beliebte Fallen. Müssen Sie unterwegs ins Netz, versuchen Sie es lieber über Ihr eigenes Smartphone. Stellen Sie sich einen mobilen Hotspot bereit, um Ihr Notebook ans Netz zu bringen. Das genügt in aller Regel, um E-Mails oder Dateien auszutauschen.

Tipps für die Datensicherheit:

- Der Arbeitsgeber sollte alle Geräte mit Zugang zu Firmeninformationen mit einer Datenverschlüsselungssoftware und einer Funktion zur Fernlöschung ausstatten.
- Gegen unbefugtes Mitlesen von hoch sensiblen Inhalten eignen sich Blickschutzfilter sowie Gesichtserkennungssoftware, die den Nutzer warnt, wenn jemand hinter ihm steht, und den Bildschirm unscharf stellt, wenn der Arbeitsplatz verlassen wird.

- Denken Sie daran, dass Zugangsdaten, Schlüssel und Passwortnotizen niemals frei zugänglich am Schreibtisch zurückbleiben dürfen.
- Halten Sie Ihre Software aktuell und installieren Sie Updates.
- Verwenden Sie komplexe Passwörter und wechseln Sie diese regelmäßig.
- Speichern Sie keine Firmeninformationen auf privaten Endgeräten.
- Vorsicht vor Phishing: Seien Sie misstrauisch bei E-Mails von Unbekannten, auch auf Ihren privaten Konten, wenn sie Ihre Arbeit betreffen. Kontaktieren Sie im Zweifel Ihre Datensicherheitsabteilung.

Auf einen Blick: Digitale Technik souverän nutzen

- Sichere Cloud-Technologien und Web-Applikationen ermöglichen standortunabhängiges Arbeiten und fördern Transparenz sowie einen einheitlichen Informationsstand.
- Kennen und nutzen Sie die Vorteile moderner Tools, um sich auch in Telefon- und Videokonferenzen professionell zu präsentieren. Wichtig: vorher testen, testen, testen!
- Achten Sie in der digitalen Kommunikation auf Ihr Äußeres, Ihre Stimme und den gegenseitigen respektvollen Umgang. Denn auch digital nimmt Ihr Gegenüber diese nonverbalen Aspekte wahr.
- Sorgen Sie, wo immer Sie sind, für Datenschutz und Datensicherheit.

Mit innerer Kraft und Kompetenz zum Erfolg

Anders als im Firmenbüro ist der Antrieb zu Hause weit mehr von der eigenen Persönlichkeit und der Motivation abhängig. Wer die Facetten seiner Persönlichkeit kennt, kann bei Problemen besser gegensteuern.

In diesem Kapitel erhalten Sie Antworten auf folgende Fragen:

- Wo liegen meine Motivationsfaktoren und Quellen der Demotivation?
- Habe ich die nötigen Zukunftskompetenzen für die erfolgreiche Arbeit daheim?
- Welcher (Persönlichkeits-)Typ bin ich? Was sind meine persönlichen Herausforderungen?
- Wie erreiche ich ein gutes Gleichgewicht zwischen Arbeitseinsatz und -ergebnis, Leistung und Bestätigung?

Motivationsfaktoren für erfolgreiches Homeoffice

Um einen nachhaltigen Homeoffice-Erfolg zu erzielen, stellt sich zunächst die Frage, für wen die Arbeit zu Hause grundsätzlich geeignet ist. Die Antwort sollte jeder Manager und Mitarbeiter nach mehreren Faktoren abwägen:

- Tätigkeit und Beruf
- Wohn- und Lebenssituation
- Persönlichkeitstyp und Motivationsfaktoren

Tätigkeiten, die gut ins Homeoffice passen

In welcher beruflichen Konstellation ist Homeoffice überhaupt machbar und sinnvoll? Abgesehen von Ausnahmesituationen wie Epidemien oder anderen Katastrophen werden vorrangig der Beruf und die Tätigkeit darüber entscheiden.

Ökonomisch sinnvoll und technisch einfach machbar ist die Remote-Arbeit vor allem bei Dienstleistungsaufgaben ohne notwendigen physischen Bezug zu Menschen, z. B. Verwaltung, Planung und Konzeption, Vertriebssupport und Projektmanagement, Recherche, Software-Entwicklung, Qualitätsmanagement, Produktionsplanung, HR-Management, Finance & Controlling u.v.m. Aber auch das Berichtswesen, Abrechnungen und ähnliche Teilaufgaben innerhalb anderer Berufe lassen sich gut im Homeoffice erledigen.

Einfluss der Lebens- und Wohnsituation

Die Akzeptanz von Homeoffice wird stark bestimmt von der Lebenssituation. Hoch ist sie vor allem bei Müttern und Vätern kleiner Kinder sowie bei Menschen mit Pflegeaufgaben. Gleichwohl erschweren die anwesenden Mitbewohner unter Umständen produktives Arbeiten daheim.

Weniger hoch ist die Akzeptanz bei Berufsanfängern. Sie sollten zunächst Aufgaben und Betriebsabläufe kennenlernen sowie die Unternehmenskultur und Machtstrukturen innerhalb des Betriebes erfahren. Ebenso gibt es viele Alleinstehende, die das soziale Netz der Bürofamilie, das Zugehörigkeits- und Gemeinschaftsgefühl vor Ort zu schätzen wissen, wenn die große Stille zu Hause die Leistungskraft ausbremst.

Darüber hinaus ist die individuelle Wohnsituation ausschlaggebend. Wer in einem kleinen Einzimmer-Apartment wohnt, der braucht einen alternativen Arbeitsplatz, um Privatleben und Beruf zu trennen. Ähnlich geht es auch Menschen, die zwar viel Wohnraum haben, die sich aber von Familienmitgliedern gestört fühlen.

Die Persönlichkeit spielt eine zentrale Rolle

Last but not least ist der Erfolg der Heimarbeit abhängig vom Persönlichkeitstyp, vom Kompetenzniveau und der Organisationskraft. Nur durch seine innere Einstellung und Motivation kann der Mitarbeiter für eine gleichbleibend hohe Produktivität sorgen und damit die virtuelle Zusammenarbeit nachhaltig sicherstellen. Einige Menschen kommen damit gut voran, andere brauchen eine Umstellungszeit und immer wieder Unterstützung seitens der Vorgesetzten.

Motivationstypen und ihre Herausforderungen

Die Menschen sind verschieden. Die einen arbeiten zu Hause zu viel, die anderen zu wenig. Grundsätzlich lassen sich die Homeoffice-Worker in fünf Motivationstypen unterteilen. Ein Typ kann dabei je nach Tätigkeit, Umgebung und Tagesform variieren und kommt selten in Reinform vor. Welcher Mitarbeitertypus sind Sie? Können Sie sich selbst gut motivieren? Wozu neigen Sie, wo liegt Ihr persönlicher Anreiz und wo Ihre Herausforderung?

Motivationstypen im Homeoffice

Typ I: Der Unentbehrliche
sehr engagiert und motiviert, meint, rund um die Uhr gebraucht zu werden: „Ohne mich geht's nicht!"

Typ II: Der Perfektionistische
sehr pflichtbewusst und motiviert, kann nur schwer von Beruflichem loslassen: *„Das geht noch besser!"*

Typ III: Der Abgrenzende
gut motiviert, kann Arbeit und Beruf klar abgrenzen, berufliche von privater Zeit trennen: *„Jetzt nicht!"*

Typ IV: Der Abgelenkte
mäßig motiviert, mischt Arbeit und Beruf, leicht ablenkbar, Konzentration und Fokus fallen schwer *„Hallo, das kann ich auch schnell machen."*

Typ V: Der Aufschieber
wenig motiviert, kommt schwer in den Workflow, schiebt alles vor sich her: *„Was könnte ich jetzt tun?"*

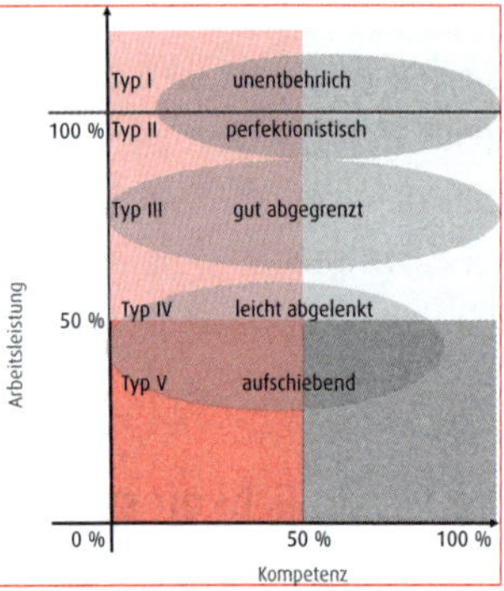

Motivationstypen im Homeoffice

Die Unentbehrlichen und Perfektionistischen

Ihnen misslingt die Trennung von Privatem und Beruflichen, da sie freiwillig am Abend oder Wochenende an den Schreibtisch huschen und noch eine gefühlt wichtige Aufgabe erledigen. Wer sich für seine Tätigkeit, seine Kunden oder Mitarbeiter verantwortlich fühlt, wer sich auf das Projektergebnis freut, der tendiert dazu, daheim zu viel und zu lange zu arbeiten. Aus einer halben Stunde werden dann drei Stunden, aus einer Ausnahme wird eine Wiederholungstat. Es besteht ein hohes Risiko für Burn-out und andere Belastungskrankheiten.

Tipp: Die **Tür zum Büro** nicht zu schließen ist der beste Weg zu Selbstausbeutung und chronischer Überlastung. Überlisten Sie sich selbst: Setzen Sie sich feste Zeitrahmen, vereinbaren Sie private Termine gleich nach Arbeitsende und suchen Sie andere regelmäßige Quellen der Bestätigung.

Der Abgrenzende

Er kann die Grenze zwischen Arbeit und Beruf ziehen und mit seiner Arbeitszeit und Energie gut haushalten. Seine mittelstarke Grundmotivation gepaart mit methodischer Selbstorganisation befähigt ihn dazu, innerhalb der Arbeitszeit ein gutes Ergebnis und eine hohe Zufriedenheit zu erreichen.

Die Abgelenkten und die Aufschieber

Ihnen fehlt die klar abgegrenzte Arbeitsumgebung des Büroalltages. Sie lassen sich leicht von Mitbewohnern und persönlichen Dingen ablenken, kommen nicht richtig in einen Arbeitsfluss und schieben Aufgaben gerne vor sich her.

Tipp: Sie bekommen die **Tür zum Privaten** nicht geschlossen. Wenn die Arbeitsergebnisse darunter leiden, droht das Risiko der Demotivation bis hin zu innerer Kündigung.

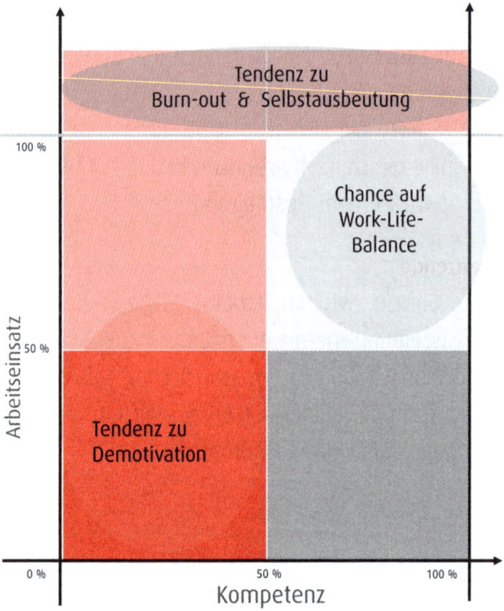

Arbeitseinsatz und Kompetenz bestimmen Chancen und Risiken für Homeworker

Extrinsische und intrinsische Motivationsfaktoren

Ein wichtiger Faktor für die richtige Dosis an Arbeitseinsatz ist die Selbstmotivation mit der nötigen Abgrenzung und das individuelle Wohlbefinden zu Hause. Fragen Sie sich, was Sie persönlich antreibt oder ausbremst. Hierbei ist zu unterscheiden zwischen der extrinsischen Motivation, die sich auf äußere Anreize bezieht wie Gehalt, Firmenwagen usw., und der intrinsischen Motivation wie Freude an der Tätigkeit, soziale Einbindung, Gemeinschaftssinn oder Erfolgsbestätigung. Dabei ist die intrinsische die stärkste und nachhaltigste Kraft, weil sie aus uns selbst herauskommt. Es fällt uns leichter, Aufgaben zu erledigen, von denen wir im Inneren überzeugt sind, die zu unserer Haltung, unseren Werten und Zielen passen.

Bestimmen Sie Ihre Position anhand folgender Fragen zu den Motivatoren für die Arbeit (+ stark, +/- mittel, – schwach):

Extrinsische Motivatoren	+	±	–
Mir reicht ein festes Gehalt zur Sicherung des Lebensunterhalts von mir bzw. meiner Familie.			
Hohe Bezahlung inkl. Prämien und Zusatzleistungen sind mir wichtig, um Wohlstand, einen hohen Lebensstandard oder auch Luxus zu erzielen.			
Ich schätze einen gut klingenden Titel sehr und strebe eine Beförderung zur höchst möglichen Stufe an.			
Ein großer Verantwortungsbereich mit Ansehen, Macht und Personal ist mir wichtig.			

Ich übernehme gerne eine fachliche Verantwortung, um einen sichtbaren Wertbeitrag für mein Unternehmen zu leisten.			
Mich treiben die täglichen Erfolgserlebnisse mit Klienten, Partnern oder anderen Abteilungen an, wie neue Kundenverträge.			
Intrinsische Motivatoren	**+**	**±**	**–**
Ich habe eigene Werte und Prinzipien, die ich achte (Selbstachtung).			
Ich brauche menschliche Wertschätzung durch Vorgesetzte, Kollegen, Mitarbeiter.			
Mir ist Sinnhaftigkeit wichtig, also zu einem Zweck oder einer guten Sache beizutragen (Purpose).			
Ich arbeite, um Teil eines erfolgreichen Unternehmens zu sein (Corporate Identity).			
Soziale Einbindung in eine funktionierende Gruppe tut mir gut (Gemeinschaftsgefühl).			
Ich bin motiviert, wenn ich Freude an der Tätigkeit, am Ergebnis habe.			
Das Wir-Gefühl eines Winner-Teams, Spaß im Kollegenkreis (Bürofamilie) ist mir wichtig.			
Ich gehe arbeiten, um mich abzulenken, aus Langeweile, um aus dem Haus, weg von der Familie zu kommen (Fluchttendenzen).			
Gibt es andere, für mich wichtige Motivationsfaktoren?			

Motivationsfaktoren objektiv analysieren

Versuchen Sie, Ihre Motivationsfaktoren objektiv zu analysieren. An jedem Faktor lässt sich drehen. Sie haben es in der Hand: Wenn es an Wertschätzung und positivem Feedback mangelt, überlegen Sie, wie Sie selbst einen Wert für Ihr Team schaffen können, wiederholt und dauerhaft. Zu diesem Zweck können Sie zum Beispiel eine besondere Fachkompetenz und die verantwortliche Rolle dafür ausbauen, sie können mit Kollegen über einen intensiveren, aber effizienten Informationsfluss brainstormen, selbst qualitative Rückmeldung an Kollegen geben, sich für den Teamerfolg einbringen oder konstruktive Lösungsvorschläge machen (vgl. Abschnitt »Selbstorganisation versus Teamdynamik« im Kapitel »Die hohe Kunst der Selbstorganisation«).

Entsprechend der individuell ausgeprägten Motivationsfaktoren verläuft in der Regel auch der Arbeitseinsatz. Arbeite ich nur ab, was mir vorgegeben wird, oder gestalte ich selbst und kann die Früchte dafür ernten?

Die drei R: Routinen, Rituale und Rahmen

Sowohl für sehr engagierte, pflichtbewusste Menschen als auch für geringer motivierte gibt es einen einfachen Rat: Nutzen Sie die Tatsache, dass der Mensch ein Gewohnheitstier ist, und wenden Sie Routinen, Rituale und Rahmen (zeitlich, räumlich, organisatorisch) an. Je öfter die Routine durchlaufen ist, desto leichter fällt die Selbstmotivation. Beispiele für Struktur durch Routinen finden Sie im Abschnitt »Wie systematische Arbeitsorganisation zum Ziel führt« (Kapitel »Die hohe Kunst der Selbstorganisation«).

Selbstreflexion: Was hilft Ihnen, sich tagtäglich neu zu motivieren?	✓
Klare Tagesstruktur schaffen	
Routinen und Rituale zu Arbeitsbeginn, -ende und Pausen etablieren	
Tagesziele definieren	
Zwischenergebnisse reflektieren	
Den Kollegen Ihre Zwischenergebnisse präsentieren	
Nein sagen können, um sich vor Überlastung zu schützen	
Sich selbst belohnen	
Erfolge teilen und feiern	
Anerkennung und Wertschätzung vom Team/Führungskraft erhalten	
Private Termine für den Feierabend fest vereinbaren	
Am Tagesende durch äußere Maßnahmen abschalten	
Sonstiges?	

BEISPIEL:

Frau H. vermisst im Homeoffice die treibende Kraft ihrer Kollegen. Zwischenzeitlich hat sie sich angewöhnt, jeden Morgen ihre Teamkollegen im Chat zu begrüßen und ihre Tätigkeit des Tages kurz darzustellen: »Guten Morgen, ich bin jetzt online und widme mich heute dem Kundentermin zu Projekt XY und bin für euch ab jetzt gut erreichbar.«

Eine Frage der Haltung – und Kompetenz

Acht entscheidende Zukunftskompetenzen

Eine nachhaltige Motivation speist sich letztendlich aus den Kompetenzen der Menschen. Wer sowohl fachliche als auch persönliche und soziale Fähigkeiten ausgebildet hat, meistert die Aufgaben remote leichter und ist zufriedener als andere mit weniger stark ausgeprägten Skills.

Für den Homeoffice-Erfolg sind Zukunftskompetenzen unentbehrlich. Sie umfassen Kernfähigkeiten, mit denen Menschen die fortschreitende Komplexität der digitalen Welt bewältigen, die stetigen Veränderungen aktiv und flexibel aufgreifen und ihre Zukunft nachhaltig erfolgreich gestalten. Sie beziehen sich überwiegend auf »Soft Skills« sowie den versierten Umgang mit digitaler Technologie.

Eine kanadische Professorin von der Okanagan College School of Business hat in einer Marktstudie 2019 herausgefunden, dass acht Skills für die Motivation und den Erfolg der mobilen virtuellen Arbeit entscheidend sind. Prüfen Sie selbst anhand der folgenden Kompetenzen, ob Sie fit für die virtuelle Zukunft sind (+ stark, +/- mittel, – schwach):

	Checkliste: Acht Zukunftskompetenzen	+	±	–
1.	**Kommunikation**: Können Sie Gedanken und Ideen genau und prägnant über digitale Botschaften vermitteln und interpretieren?			
2.	**Selbstmotivation**: Ergreifen Sie die Initiative, auch wenn Sie nicht dazu aufgefordert oder dafür belohnt werden?			
3.	**Vertrauenswürdigkeit und Verlässlichkeit:** Werden Sie die Erwartungen erfüllen ohne enge Kontrolle von oben?			
4.	**Selbstdisziplin:** Haben Sie Ihre eigene Zeit, Aufgaben und Energie unter Kontrolle?			

	Checkliste: Acht Zukunftskompetenzen	+	±	-
5.	**Neugier und kritisches Denken**: Können Sie ein Thema unabhängig analysieren, bewerten und eine Strategie ableiten?			
6.	**Veränderungs- und Anpassungsfähigkeit**: Können Sie die Bedeutung einer Veränderung korrekt einschätzen und sich darauf einstellen?			
7.	**Verantwortliches und ergebnisbezogenes Handeln**: Können Sie leicht erkennen, ob Sie und Ihr Team an einem Arbeitstag produktiv waren?			
8.	**Empathie**: Sind Ihnen die Gefühle anderer Menschen bewusst und nehmen Sie Rücksicht darauf?			

Diese Grundfähigkeiten sichern das Überleben im digitalen Arbeitsleben. Doch darf niemand stehen bleiben. Dafür schreitet die digitale Transformation zu schnell voran. Überlegen Sie daher kontinuierlich, welche Weiterbildungsmaßnahmen Sie voranbringen. Und gewöhnen Sie sich daran: Lebenslanges Lernen wird selbst zu einer Zukunftskompetenz in unserer sich ständig ändernden Welt.

> Die Arbeit im Homeoffice gelingt gut, wenn Sie die **Sinnhaftigkeit** dahinter erkennen, die **Verantwortung** annehmen und über die notwendigen **Kompetenzen** verfügen.

Sinn, Zweck und Ziel

Wer den Sinn hinter seiner beruflichen Tätigkeit erkennt, verrichtet diese mit Motivation, Engagement und Zielorientierung und behält den Fokus auch in der Distanz. Doch bei der vermehrten

Arbeit in der Ferne erschließt sich deren Sinn nicht immer. Umso wichtiger ist es, sich mit der Sinnhaftigkeit auseinanderzusetzen.

Bei der Suche nach Sinn und Zweck Ihrer Tätigkeit betrachten Sie zunächst die übergeordneten Ziele. Was Sie und Ihre Kollegen tagein, tagaus bewältigen, hat einen Mehrwert für Ihr Unternehmen und die Kunden. Der oberste Zweck (Purpose) der Arbeit im Unternehmen ist offensichtlich: Die Bedürfnisse und Aufträge der Kunden generieren den Umsatz. Das klingt banal, aber in großen Unternehmen sind die Mitarbeiter teilweise weit entfernt vom direkten Kontakt zum Kunden, so dass dieser Bezug manchmal verloren geht.

> Wer das Ziel nicht kennt, kann den Weg dahin nicht einschlagen. Damit die Ziele stets klar sind, sollten sie »smart« (**s**pezifisch, **m**essbar, **a**nspruchsvoll, **r**ealistisch, **t**erminiert) formuliert werden.

Da nicht mehr die Anwesenheit zählt, kommt es nur noch auf das Ergebnis an, das am Ende eines Arbeitstages für die Zielerreichung zu liefern ist. Daher reicht es nicht mehr, auf die Aufgabenverteilung von oben zu warten. In der neuen, volatilen Arbeitswelt müssen Sie sich selbst klarer verorten, die Position des Teams im Unternehmen und die eigene Position im Team herausarbeiten, Ihr Aufgabengebiet abgrenzen und sich über das Selbstverständnis und die eigene Rolle klar werden.

Ein virtuelles Team braucht klare Ziele, Antriebsfaktoren und Rollen, um die digitale Zusammenarbeit effizient zu managen. Das ist eine Chance für jedes Teammitglied:

- Kennen Sie Ihre Ziele? Falls nein, fordern Sie diese aktiv ein. Zudem können Sie als aufmerksames Teammitglied Ihre Ziele teilweise selbst formulieren.
- Gibt es eine spezielle Rolle im Team, die noch ausgefüllt werden kann? Welche neue Aufgabe könnten Sie übernehmen, um den Zusammenhalt im virtuellen Team zu stärken?
- Worin wollen Sie ein »unverzichtbarer« Experte werden? Was ist Ihre Spezialkompetenz, mit der Sie einen spezifischen Wertbeitrag leisten können?

Auf die positive innere Haltung kommt es an

Bei der entfernten, isolierten Arbeit ist die innere Haltung erfolgsentscheidend. Ihre Haltung beeinflusst, wie Sie andere Menschen und auch sich selbst einschätzen, wie Sie agieren und reagieren. Das Homeoffice erfordert ein hohes Maß an physischer und mentaler Selbstdisziplin. Normalerweise signalisieren die eigenen vier Wände automatisch »Hier bist du privat, nun kannst du lässig sein, hier ist Bequemlichkeit erlaubt«. Diesen Modus müssen Sie für die Büroarbeit zu Hause aktiv auf »Jetzt ist Professionalität angesagt« umstellen.

BEISPIEL AUS DER FORSCHUNG

Forscher fanden heraus, dass das Tragen von Arbeitskleidung die geistigen Fähigkeiten deutlich stärkt. Besonders klar wurde dies am Beispiel von weißen Labor- und Arztkitteln. Die Erklärung: Physische Erfahrungen lösen kognitive Assoziationen aus. So fühlen sich die Menschen in offizieller Kleidung eloquenter, trauen sich mehr zu und können sich besser konzentrieren. Kleiden Sie sich daher auch zu Hause professionell – aus Selbstrespekt.

Mit einer positiven inneren Haltung können Sie auch im Telefongespräch, wo Gestik und Mimik zur Untermauerung des Gesagten fehlen, verbindlich und respektvoll, aufmunternd und überzeugend wirken. Ihre Stimme, Sprachmelodie und Wortwahl spiegeln Ihre Haltung wider und beeinflussen die Wirkung Ihrer Worte signifikant.

So können Sie sich mit einer positiven Haltung online besser präsentieren:

- Haltung braucht ein Fundament. Machen Sie sich daher immer wieder Ihre eigene Rolle und Ihre Erfolge bewusst. Schließlich sind Sie es sich wert.
- Achten Sie auf Ihre Stimme und Intonation. Eine selbstbewusste Stimme drückt eine klare innere Haltung aus. Kurze Stimmübungen vor einem Online-Meeting verjagen den berühmten Frosch im Hals. Wer mag, kann ein kurzes Lied anstimmen. Nutzen Sie den Spielraum des Homeoffice!
- Setzen Sie sich gerade hin und nehmen Sie vor jedem Telefon- oder Videogespräch eine gerade Haltung ein. Das stärkt die Konzentration, die Stimme und die Überzeugungskraft.

Wirkung und Wahrnehmung

Bei der Einzelarbeit entfällt das unmittelbare Korrektiv der Gruppe. Jeder muss sein Verhalten selbst bewusster und selbstbewusster wahrnehmen, kritisch hinterfragen und kontinuierlich verbessern. Bedenken Sie dabei, dass das Selbstbild nicht identisch mit dem Fremdbild ist. Versuchen Sie herauszufinden, wie Sie auf andere wirken und wie andere Sie einschätzen. Selbstreflexionsübungen und Einschätzungen von Kollegen und Führungskräften helfen, den Unterschied, den aus dem Coaching bekannten »blinden Fleck«, herauszufinden – eine wichtige Erkenntnis für die Fokussierung und das eigene Standing im virtuellen Team. Machen Sie sich dabei eventuelle »Wahrnehmungsfehler«, insbesondere den sogenannten Confirmation Bias, bewusst. Dahinter steckt die Neigung, dass wir unsere subjektive Wahrnehmung und unsere Erwartungen immer wieder bestätigt sehen wollen. Wenn Sie zum Beispiel einen Kollegen nicht mögen, dann finden Sie bei allem, was er sagt, entsprechend negative Aspekte. Wahrnehmungsfehler blockieren die neutrale Sicht und lassen Sie in Ihrem eingeschränkten, festgelegten Denkmodell verharren. Das verstärkt sich bei der Alleinarbeit. Öffnen Sie Ihren Blick und versuchen Sie, die Möglichkeiten bewusst und objektiv zu nutzen.

Umgekehrt hat die positive Selbstprogrammierung (self-fulfilling prophecy) eine stimulierende Wirkung für die Alleinarbeit. Wenn Sie beispielsweise davon ausgehen, dass Ihre Digitaltechnik zu Hause nie reibungslos funktioniert oder dass Sie nicht gut in Videokonferenzen sprechen können, dann klappt das auch nicht. Visualisieren Sie dagegen das positive Ziel. Wenn Sie sich bildlich vorstellen, wie gut Sie sich im nächsten Online-Meeting präsentieren, dann gehen Sie von vorneherein konstruktiv und vorbereitet hinein und werden am Ende brillieren. Wichtig dabei: Behalten Sie stets Ihr Ziel im Auge, so dass Sie sich von nichts ablenken lassen.

Der Mensch ist kein Roboter, ist nicht jeden Tag gleich gut gelaunt und voller Energie. Um dennoch auch bei inneren Flauten gut durchzuhalten, helfen kleine Tricks, Belohnungen und vor allem positives Denken. Sie können die Grundeinstellung weiterentwickeln, indem Sie Ihre Wahrnehmung auf Erfolge lenken.

Hilfreich ist das Führen eines »Erfolge-Tagebuchs«:

- Welche Erfolge kann ich heute für mich verbuchen?
- Welche Fähigkeiten haben mir zu diesem Erfolg verholfen?
- Was bringt dieser Erfolg mir, meinem Team oder meinem Unternehmen?

Tipp: Wenn Sie an der Lösung einer Aufgabe knabbern, sprechen Sie mit Kollegen darüber oder denken Sie einfach laut. Die gesprochene ist wie die geschriebene Sprache ein wichtiger Katalysator für unser Denken. Denn Gedanken brauchen die Sprache, um sie zum Ausdruck zu bringen und auf diese Weise zu sortieren. Gesprochene oder geschriebene Worte verfestigen die Gedanken und setzen die Ideen im Kopf erst zu einer klaren Argumentationskette zusammen.

Achtsamkeit und Wertschätzung

Durch die räumlichen Grenzen werden verbale Signale wichtiger denn je, weil die visuelle, nonverbale Wahrnehmung entfällt. Doch vergessen Sie nicht: Am anderen Ende der digitalen Leitung sitzt ebenfalls ein Mensch. Auch beim Mailverkehr oder Telefonieren können Sie spüren, ob es dem anderen gut geht oder nicht. Jeder will geschätzt werden und kann etwas Aufmunterung in schwierigen Situationen gebrauchen. Dies ist umso wichtiger, je mehr die Menschen sich allein im Homeoffice befinden.

In unserem Stammhirn ist fest verdrahtet, dass wir Wertschätzung durch die Gestik und Mimik, durch Blick- und Körperkontakt eines anderen Menschen brauchen. Wer persönlich gelobt, angelächelt wird, insbesondere vom Vorgesetzten, erfährt eine Ausschüttung von Glückshormonen, die angenehm und stimulierend wirkt. Im Büro kann schon ein freundliches Lächeln des Kollegen oder gar des Chefs für den nötigen Auftrieb sorgen. Doch wo soll man sich zu Hause solche kurzen Bestätigungen holen?

Tipp: Die Antwort liegt in dem respektvolleren und aufmerksameren Umgang miteinander. Geben Sie per Mail schnell und fundierte Antworten und loben Sie Ihre Kollegen im Chat oder im Video-Call, wenn sie etwas richtig oder schnell hinbekommen haben. Hören Sie besonders gut zu, geben Sie konstruktives Feedback und sprechen Sie Dank und Wertschätzung aus. Das ist nicht nur Sache des Vorgesetzten.

Schätzen Sie sich selbst genug? Selbstbewusstsein basiert auf Selbstachtung. Lernen Sie daher, sich selbst zu schätzen und achten Sie (auf) sich selbst. Zur Erhaltung Ihrer Leistungskraft versuchen Sie auch, mit Ihren eigenen Ressourcen – Ihrem Energiereservoir und Zeitbudget – gut hauszuhalten. Richtig organisiert spart Homeoffice viel Zeit, zum Beispiel für die Fahrt zur Arbeit oder für den Weg zum Konferenzraum.

BEISPIEL: KLEINE RITUALE

Herr K. arbeitet überwiegend zu Hause und braucht seinen täglichen Tapetenwechsel: Jeden Morgen zieht er sich Jacke und Schuhe an, so als ob er in die Arbeit gehen würde, und verlässt das Haus für einen kurzen Spaziergang. Wieder zu Hause zieht er Mantel und Straßenschuhe aus und geht direkt an seinen Schreibtisch. Abends wiederholt er den Spaziergang und geht zu Hause gleich in den privaten Bereich. Mit diesem erfrischenden Ritual kann er automatisch zwischen Arbeits- und Privatleben hin und her schalten.

Vertrauenskultur und Performance Management

Vertrauen gegen Kontrolle tauschen

Ortsunabhängige Zusammenarbeit braucht vor allen Dingen eins: mehr Vertrauen. Die Verlagerung ins Homeoffice ist eine Vertrauensprobe für alle Beteiligten. Einerseits für die Führungskräfte, die bisher in der klassischen Präsenzkultur dachten, wer nicht hier ist, der arbeitet auch nicht. Diese Manager erleben einen massiven Paradigmenwechsel. Wenn die Mitarbeiter nicht mehr sichtbar und dadurch nicht mehr eng kontrollierbar sind, müssen sie ihnen zwangsläufig mehr Vertrauen entgegenbringen. Hierarchische Befehlsstrukturen und Mikromanagement werden einer kooperativen Führung in flachen Hierarchien weichen. Transparenz und Klarheit in der Kommunikation sind umso wichtiger.

> Eine offene, fehlertolerante Vertrauenskultur ist die Voraussetzung für die selbstbestimmte virtuelle Zusammenarbeit.

Für die Führungskraft heißt das: Vertrauensvorschuss gegen Kontrollverlust. Wenn die Mitarbeiter Vertrauen seitens des Vorgesetzten geschenkt bekommen, fühlen sie sich selbst verpflichtet, für diesen Vertrauensvorschuss gute Leistungen zurückzugeben. Dann übernehmen sie freiwillig die Verantwortung zur Gestaltung ihrer neuen Freiräume und haben eine höhere innere Motivation, gute Leistungen zu erbringen. Andererseits müssen auch die Mitarbeiter lernen, größeres Vertrauen zu haben – vor allem in sich selbst und in ihre eigenen Fähigkeiten.

Die Angst vor Kontrollverlust in verteilten Organisationstrukturen können Vorgesetzte abbauen, indem sie zum Beispiel vereinbaren, dass jeder Mitarbeiter abends den Status seiner Arbeit im Projektmanagementsystem erfasst. Falls nicht vorhanden, schaffen kurze Tagesmeldungen die nötige Transparenz sowohl für die Vorgesetzten als auch für zuständige Kollegen.

Tipp: In der digitalen Kommunikationskultur bieten sich sogenannte »Dailys« an, also kurze tägliche Videokonferenzen im Team zu einer festgelegten Zeit. Dabei stellt jeder Mitarbeiter beispielsweise in einer Minute seine Aufgaben und Ergebnisse kurz vor. Das beruhigt nicht nur den Teamleiter, sondern trägt auch dazu bei, dass die Teammitglieder den jeweiligen Status kennen und miteinander in Kontakt bleiben. Zugleich ersetzt es teilweise den Flurfunk, macht Spaß und erhöht den Gemeinschaftssinn.

Top-Performance auf Online-Bühnen

Die Leistungen nur in Statusreports zu berichten, reicht nicht für ein gutes Standing im virtuellen Team. Durch die reduzierte Sichtbarkeit wird Eigenmarketing noch wichtiger als vorher. Manche jungen Mitarbeiter und bescheidenen Menschen, darunter viele Frauen, denken sich, wenn ich gute Arbeit leiste, wird das schon »da oben« gesehen. Doch diese Erwartungshaltung wird bei der Remote-Arbeit erst recht enttäuscht. Wie sollen die Kollegen oder Führungskräfte Ihre Leistung bei all dem Information-Overflow erkennen, wenn Sie diese nicht transparent machen?

So stärken Sie Ihre Position in Online-Konferenzen:

- Lernen Sie, sich auch in Online-Konferenzen zu behaupten, indem Sie die Schwingungen innerhalb des Beziehungsgeflechts einer virtuellen Konferenzgruppe erspüren und Ihre eigene Rolle wahrnehmen.
- Bereiten Sie sich inhaltlich und persönlich gut vor, so dass Sie selbstbewusst Ihren Beitrag vorstellen können. Im Zweifel formulieren Sie bereits vorher Ihre zentralen Aussagen aus.
- Fragen Sie sich vor jedem digitalen Meeting, welches Ziel Sie dabei erreichen möchten, für Ihren Aufgabenbereich, für die Gruppe und vor allem für sich selbst! Notieren Sie sich vorher die Themen, die Sie unbedingt adressieren möchten, zusätzlich zur offiziellen Agenda. Denn eine Online-Konferenz ist

kürzer und schneller vorbei als ein Präsenzmeeting, wo letzte Fragen auf dem Weg nach draußen geklärt werden können.

- Haben Sie den Mut, sich mit berechtigten Fragen, substanziellen Redebeiträgen und guten Ergebnissen einzubringen. Bedenken Sie, dass Sie andernfalls »unsichtbar« bleiben.
- Trainieren Sie Ihre Stimme und Ihre Vortragskompetenz vorher vor dem Spiegel bzw. vor Kamera und Mikrofon. Damit üben Sie Ihren Redefluss und entwickeln eine professionelle Rhetorik. Denken Sie in Überschriften und sprechen Sie in klaren, prägnanten Sätzen, vermeiden Sie Schachtelsätze. Je kürzer, desto überzeugender Ihre Aussage.
- Bleiben Sie souverän und ruhig, wenn Sie das Gefühl haben, überfahren zu werden oder etwas nicht mitbekommen zu haben. Überlegen Sie zweimal, bevor Sie etwas Unbedachtes oder sehr Emotionales sagen. Vermeiden Sie offene Eskalationen.
- Falls Sie sich von einem Kollegen ungerecht behandelt oder »untergebuttert« fühlen, sprechen Sie ihn am besten danach separat an, entweder in einem telefonischen oder persönlichen Gespräch.

Tipp: Definieren Sie anfangs untereinander für jeden Kollegen einen Coach, der seinen »Schützling« während einer Konferenz besonders beobachtet und ihm anschließend konstruktives Feedback gibt – etwa zu Gestik, Mimik, Intonation oder Geräuschen. Machen Sie das regelmäßig reihum. Sie werden sehen, dass sich über die Zeit ein sehr souveräner und effizienter Konferenzstil entwickelt, der sich dann bei Online-Präsentationen vor Vorgesetzten oder Kunden bezahlt macht. Nutzen Sie die Teamdynamik für eine konstruktive Feedback-Kultur.

Performance Management – Arbeitsergebnis statt Büropräsenz

Parallel zur vermehrten Arbeit zu Hause entsteht zwangsläufig eine Ergebniskultur: Es zählt weniger die Anwesenheit als vielmehr die Arbeitsleistung in Form von Projektfortschritten und messbaren Ergebnissen. Maßgeschneidertes Performance Management wird umso wichtiger, wenn der Mitarbeiter und seine tägliche Leistung vor Ort nicht mehr gesehen werden.

Für die überprüfbare Arbeitsorganisation teilen Sie das Arbeitspensum in klar abgegrenzte Aufgabenpakete auf. Deren Bearbeitungsstatus können die Verantwortlichen beispielsweise über ein Kanban-Board für agile Projekte oder ein anderes Online-Werkzeug zur Workflow-Visualisierung nachvollziehen. Messbare Ziele und Arbeitsschritte helfen nicht nur den Vorgesetzten, sondern auch den Homeoffice-Tätigen. Durch sichtbare Teilerfolge fühlen Sie sich selbst bestätigt und motiviert.

Falls sich allerdings Leistung und Produktivität mangels Motivation und Sinnhaftigkeit im Homeoffice nicht einstellen, dann sollten Sie Ihre Tätigkeit und Ihren Arbeitsplatz grundsätzlich hinterfragen. Auch das ist ein legitimes Ergebnis, wenn die Analyse der neuen Situation Ihnen offenbart, dass Sie bisher in der Gruppendynamik zwar gut ausgehalten haben, dass aber andere Stellen oder Arbeitsformen für Ihre eigene Weiterentwicklung besser sind.

> Am Ende zählt nur das Ergebnis – in Form eines Wertbeitrags für das Unternehmen, der Zufriedenheit des Vorgesetzten sowie des eigenen Wohlergehens.

Tipp für Führungskräfte: Kooperative Führung in flachen Hierarchien heißt nicht, dass die Steuerungsgewalt komplett entfällt. Der Manager hat die Pflicht, seine Mitarbeiter anhand von klaren Zielen zu führen und auf die Einhaltung der festgelegten Spielregeln zu achten. Der Fokus liegt nun weniger auf der kleinteiligen Messung von Zwischenergebnissen, sondern auf Motivieren, Enablen und Steuern der Teams. Dabei können Sie von den Erfahrungen und der Innovationskraft der Homeoffice-Arbeiter profitieren. Nur liegt die letzte Instanz in schwierigen Fällen weiterhin bei der Führungskraft, denn sie muss am Ende des Tages für das Teamergebnis geradestehen.

Arbeitszeiterfassung trotz Vertrauenskultur

Da moderne Führungskräfte in einer Vertrauenskultur letztlich auf das Arbeitsergebnis achten, ist es nicht wichtig, wann der Mitarbeiter arbeitet und ob er eventuell sogar weniger Wochenstunden dafür braucht als sein Arbeitsvertrag vorsieht. Das ist ein Vorteil der neuen Flexibilität. Dennoch ist eine genaue Arbeitszeiterfassung vorgeschrieben, was für den Arbeitgeber und den Arbeitnehmer vorteilhaft sein kann.

Im Mai 2019 hat der Europäische Gerichtshof (EuGH) entschieden, dass Unternehmen die Arbeitszeiten ihrer Mitarbeiter künftig erfassen müssen. Das entspricht zwar auf den ersten Blick nicht dem

New-Work-Prinzip der Vertrauenskultur, doch die Richter haben keine Vorgaben für die Umsetzung gemacht. Daher bedeutet das Urteil für viele Unternehmen keine Änderung, da sie bereits zuvor die Arbeitserfassung implementiert hatten. Ob mit dem klassischen Stundenzettel oder mit Hilfe von Excel oder softwarebasierten Project-Accounting-Systemen, alles ist weiterhin möglich.

> Jeder Mitarbeiter muss selbst auf seine Arbeitszeit, Leistungserbringung und Energiegrenzen achten.

Beim ortsungebundenen Arbeiten ist die Stundenerfassung naturgemäß schwieriger und nimmt jeden Mitarbeiter stärker in die Pflicht. Daran sollte jeder Mitarbeiter ein Eigeninteresse haben, da die Bindung an feste Arbeitszeiten bei der entfernten Arbeit gelockert wird und er dadurch selbst einen guten Überblick für die zeitlichen Grenzen bekommt.

Auf einen Blick: Mit innerer Kraft und Kompetenz zum Erfolg

- Innere Kraft und Motivation werden durch extrinsische und intrinsische Faktoren beeinflusst. Fördern Sie motivierende und vermeiden Sie bremsende Aspekte.
- Motivation ist Typsache: Erkennen Sie sich und prüfen Sie, welche Umstände Ihrem Typ guttun und in welchem Bereich oder Verhalten Sie optimieren können.
- Setzen Sie sich mit allgemeinen und Ihren persönlichen Zukunftskompetenzen auseinander und schauen Sie, worin Sie – für sich – Sinn sehen, um motiviert zu bleiben.
- Machen Sie sich bewusst, dass Eigen- und Fremdbild häufig nicht identisch sind. Vertrauen Sie auf das Feedback Ihrer Kollegen – und natürlich auf sich selbst.

Chancen und Risiken: Gesundheit und Zukunft im Blick

Die Arbeit im Homeoffice hat viele Vorteile. Allerdings birgt sie auch einige Gefahren, nicht zuletzt für die physische und psychische Gesundheit. Wenn die Chancen und Risiken erkannt und korrekt adressiert werden, können die Produktivität und Zufriedenheit der Mitarbeiter steigen und das Ziel der Work-Life-Balance näher rücken.

In diesem Kapitel bekommen Sie Antworten auf folgende Fragen:

- Welche gesundheitlichen Gefahren gibt es zu beachten, in physischer und psychischer Hinsicht?
- Wie kann ich selbst durch Übungen, Bewegung und ausgewogene Ernährung zu Hause gesund und fit bleiben?
- Wie kann ich Freiräume für die Steigerung meines Wohlbefindens nutzen und Privat- und Berufsleben miteinander verbinden?
- Worauf müssen wir uns in Zukunft einstellen? Wie wird Homeoffice unsere Arbeitswelt verändern?

Entgrenzung und psycho-soziale Belastungen

Auch der beste Arbeitsplatz ist nichts wert, wenn die Arbeit krank macht, in körperlicher wie mentaler Hinsicht. Angefangen bei dem psycho-sozialen Druck, den die virtuelle, digitale Tätigkeit, die Alleinarbeit oder die Abgrenzung zum Privatleben ausüben, über Bewegungsmangel bis hin zu unausgewogener Ernährung.

Zahlreiche Studien zeigen, dass die vermehrte Arbeit daheim zwar zu einer höheren Arbeitszufriedenheit, aber auch zu einer stärkeren psychischen und physischen Belastung führt. Auch wenn viele Menschen inzwischen gerne im Homeoffice arbeiten, muss jeder für sich individuell prüfen, wo seine Chancen, aber auch wo die Risiken liegen.

Grenzen ziehen

Die Vorteile der flexiblen, ortsunabhängigen Arbeit bringen viele ihrem Ziel der besseren Vereinbarkeit von Berufs- und Privatleben näher. Die neue Flexibilität und Selbstbestimmtheit wissen vor allem diejenigen Menschen zu schätzen, die gelernt haben, mit ihren Zeit- und Energieressourcen gut zu haushalten.

Manche Unternehmensbereiche und Verwaltungen berichten sogar, dass die Krankenstände dort praktisch auf null gesunken sind, wo Homeoffice flexibel ermöglicht wurde. Das liegt daran, dass selbstbestimmte Menschen selbst entscheiden können, ob und wann sie sich etwa bei leichtem Unwohlsein ein paar Stunden daheim an den Computer setzen. Früher gab es dagegen nur zwei Zustände: ganz im Büro einsatzfähig oder krank zu Hause und damit untätig bleiben.

Doch wenn die Arbeit zum Teil des Privatlebens wird, verschwimmen die Grenzen. Daraus können Belastungsstörungen sowie andere Gesundheitsprobleme entstehen. Für eine gesunde Balance ist in jedem Fall eine konsequente räumliche, zeitliche und mentale Abgrenzung der Arbeit erforderlich.

Eine 2019 vom Wissenschaftlichen Institut der AOK[1] (WIdO) durchgeführte Umfrage ergab, dass viele Befragte eine höhere Zufriedenheit dank größerer Flexibilität erleben. Mehr als zwei Drittel gaben an, dass sie zu Hause mehr Arbeit bewältigen und drei Viertel, dass sie konzentrierter arbeiten können. Gleichwohl fühlten sich fast 75 Prozent der Befragten häufiger erschöpft als Beschäftigte, die ausschließlich im Büro tätig sind. Wer viel daheim arbeitet, leidet zudem häufiger unter Wut und Verärgerung, Nervosität und Reizbarkeit, Lustlosigkeit, Schlafstörungen und Selbstzweifel. Fast 40 Prozent der Befragten im Homeoffice haben Schwierigkeiten, nach Feierabend abzuschalten.

> Das entgrenzte Arbeiten darf nicht zu grenzenlosem Arbeiten führen. Für den Job brennen, ohne auszubrennen, ist für viele Homeworker eine große Herausforderung.

[1] www.aok-bv.de, www.wido.de

Psycho-sozialen Belastungen entgegenwirken

Neben den Entgrenzungsproblemen kann die verteilte und isolierte Arbeit zu mentalen und psychischen Belastungen führen. Die psycho-sozialen Gefahren reichen von einer verringerten Wertschätzung und höheren Demotivation über Selbstausbeutung und Burnout bis hin zur Vereinsamung und sozialen Isolation. Welche Motivationsfaktoren und Lösungsansätze dagegen helfen, wird im Abschnitt »Motivationsfaktoren für erfolgreiches Homeoffice« eingehend beschrieben (s. vorheriges Kapitel).

> Lernen Sie, Ihre persönlichen Arbeits- und Lebenssphären auszubalancieren, und achten Sie Ihrer Gesundheit zuliebe auf Ihren Zeitplan. Für die notwendige Balance zwischen An- und Entspannung sind regelmäßige kurze Erholungspausen essenziell, um den Kopf freizubekommen und Bewegungsrituale einzulegen. Wenn absehbar sein sollte, dass die Pausen zu kurz kommen, passen Sie den Tagesplan an, auch wenn der definierte Achtstundentag dadurch später endet.

Tipp für Führungskräfte: Jeder Einzelne muss zwar selbst auf gesundheitliche Gefahren achten, aber auch der Vorgesetzte muss ein Interesse an der körperlichen und mentalen Fitness seiner verteilten Mitarbeiter haben. Gesundes Führen wird daher zu einem neuen Führungsanspruch. Neben der im vorherigen Kapitel beschriebenen Notwendigkeit einer offenen und fairen Vertrauenskultur ist noch mehr Empathie, Intuition und emotionale Intelligenz gefragt. Professionelle Unterstützung kommt von den Krankenkassen und -versicherungen für alle Betriebe und Mitarbeiter, in großen Unternehmen zusätzlich vom internen betrieblichen Gesundheitsmanagement. Nutzen

Sie die vielfältigen Angebote wie soziale und psychotherapeutische Beratungsgespräche, Fitnessleistungen und Gymnastikpässe sowie Seminare für Stressmanagement oder Burnout-Prävention.

BESPIEL:

Herr H. spart sich im Homeoffice jeden Tag fast zwei Stunden Pendelzeit und entsprechende Fahrtkosten. Die gewonnenen Stunden nutzt er, um die Mittagssonne auf dem Balkon zu genießen und sich abends in seinem Sportverein zu engagieren. Das eingesparte Geld steckt er in die Sparbüchse für die Anschaffung eines E-Bikes. Er leistet und gönnt sich damit einen klaren Beitrag für seine Gesundheit und Ausgeglichenheit.

Immer in Bewegung bleiben

Für den mobilen Ausgleich sorgen

Nicht zu unterschätzen ist das gesundheitliche Risiko durch mangelnde Bewegung bei häufiger Heimarbeit. Es entfallen die Wege zum Unternehmen, durch lange Gänge oder über große Firmengelände, zum Drucker und zum Kollegen, in den Konferenzraum und in die Kantine. Auf den kleineren Flächen im Wohnbereich bewegen sich die Menschen deutlich weniger. Nur 300 Schritte an einem Tag sind keine Seltenheit. Doch das von Medizinern empfohlene Maß liegt bei 10.000 Schritten täglich. Um sich den Unterschied zu vergegenwärtigen, hilft ein Schrittzähler, oft als App im Smartphone integriert.

Ein kurzes Vitamin-D-Bad in der Sonne, Walking mit Freunden, den Kreislauf in Schwung bringen und bewusst mehr Sauerstoff einatmen, all das führt zu einem Glücksgefühl durch die verstärkte Ausschüttung von Botenstoffen wie Endorphin oder Serotonin. Dafür reicht schon ein Spaziergang oder Lauf im Freien, am besten drei Mal pro Woche oder häufiger.

Es muss nicht immer Sport sein. Für Menschen, die bewegungseingeschränkt sind, gibt es andere Methoden wie passive Bewegung oder selektive Mobilitätsübungen, die den Stoffwechsel anregen und die Gesundheit fördern.

Machen Sie sich diese körperlichen Veränderungen bewusst. Durch die gewonnenen Freiräume haben Sie mehr Zeit und Gelegenheit, regelmäßiger Sport zu treiben oder anderen Aktivitäten nachzugehen, die Ihnen guttun.

Das dynamische Sitzen und Stehen verinnerlichen

Es ist nicht nur der Bewegungsmangel, der krank macht. Vielmehr führt das falsche und angespannte Sitzen vor dem Bildschirm bei den meisten Menschen früher oder später zu Beschwerden. Das gilt auch für Sportler. Die Schmerzen schleichen sich langsam an oder kommen aus heiterem Himmel, wie Hexenschuss, Nacken-, Schulter- oder Rückenblockaden bis hin zu Bandscheibenvorfall, Hüft- und Knieschmerzen oder Hand-Armgelenk-Syndrom. Meist werden sie ausgelöst durch Muskelverkrampfungen, verstärkt durch einen Mangel an Flüssigkeit und Mineralien.

BEISPIEL:

Frau E. hat die letzten Wochen nur daheim gearbeitet. Obwohl ihr Arbeitsplatz ergonomisch eingerichtet ist und sie drei Mal pro Woche joggen geht, plagt sie neuerdings ein heftiger Rückenschmerz. Da fällt ihr ihre ebenso sportliche Nichte ein, die kurz vor dem Examen steht. Sie wurde kürzlich sogar vom Notarzt abgeholt, als sie sich zu Beginn ihrer Yogaübung plötzlich nicht mehr bewegen konnte. Beide erhielten die gleiche Diagnose: akute Rückenblockade durch Muskelverkrampfung, ausgelöst durch Stress und Fehlhaltung bei der Computerarbeit.

Machen Sie sich dynamisches Sitzen zur Gewohnheit. Also variieren Sie Ihre Sitzposition öfters und beugen Sie damit Verspannungen vor. Sie können sich bei der Computerarbeit mal hinten anlehnen und mal nach vorne beugen, mal den Rücken strecken, kurz auf der rechten oder linken Seite sitzen, die Knie und die Füße anwinkeln und dann wieder strecken oder auch stehen und gehen. Bei der Grundhaltung sollten jedoch stets die Ergonomiehinweise wie rechte Winkel bei den Gelenken beachtet werden. Siehe dazu den Abschnitt »So sitzen Sie richtig« im Kapitel »Wie sieht ein adäquater, ergonomischer Arbeitsplatz aus?«.

Versuchen Sie, auch im Stehen zu arbeiten. Wenn kein Stehpult da ist, seien Sie kreativ und verwenden Sie einfach das Regal oder das Bügelbrett für eine zeitweilige Aufstellung Ihres Notebooks.

> Auf die Variationen kommt es an. Laut Gesundheitsexperten bedeutet ein gesundes Verhältnis zwischen den verschiedenen Positionen: 30 % sitzen, 30 % stehen und 40 % bewegen.

Strecken und recken – Bewegungseinheiten ritualisieren

Ritualisieren Sie regelmäßige Bewegungseinheiten und gewöhnen Sie sich die Verhaltensmuster und Abläufe an, die automatisch an Ihre Übungen erinnern, bis sie in Fleisch und Blut übergehen. Probieren Sie einfach jeden Tag etwas anderes aus:

- beim Telefonieren grundsätzlich aufstehen und umhergehen (kabellose Headsets ermöglichen den notwendigen Freiraum)
- mittags regelmäßig eine Runde um den Block drehen
- zwischendurch und nach getaner Arbeit einige Dehnübungen durchführen, z. B. den Kopf mehrfach langsam nach rechts und links drehen sowie nach oben und unten dehnen, die Schultern mehrmals nach vorne und dann nach hinten kreisen lassen, Arm- und Beindehnungen machen
- Entspannungsübungen wie autogenes Training oder Meditation tagsüber einlegen, wenn es Ihnen gegen Stress und Verspannungen hilft
- den Augen Bewegung und Abwechslung geben, zumal die Sichtweite daheim eher beschränkt ist. Schauen Sie öfter in die Ferne und fokussieren Sie einen weit entfernten Punkt, um die Augenmuskeln zu entspannen. Das fördert die Akkommodationsfähigkeit der Augen, die durch lange Bildschirmarbeit stark strapaziert werden.
- regelmäßige Trainingseinheiten ritualisieren, z. B. im Fitnessstudio, beim Lauftreff, im Sportverein, also Tätigkeiten, für die Sie vorher durch das späte Heimkommen kaum Zeit hatten

Daheim haben Sie den großen Vorteil, dass Sie zwischendurch Lockerungs- und Dehnübungen einlegen können, wie es Ihnen passt. Das wäre im Büro undenkbar. Die anderen würden sich vielleicht nur gestört fühlen – oder Sie auslachen. Zuhause können Sie einfache Übungen sogar während eines Telefonats machen. Doch übertreiben Sie es nicht, eine leichte Dehnung und damit leichtes Ziehen ist ausreichend.

Beispiele für einfache, wirksame Dehnübungen finden Sie auf unserer Webseite: https://www.workisfaction.de/gesundes-homeoffice.

Tipp: Brüten Sie an einem Problem und sitzen schon zu lange verkrampft vor dem Monitor? Dann stehen Sie auf, laufen in der Wohnung umher oder machen Sie etwas Bürogymnastik. Der Perspektivwechsel und Abstand zum Problem ordnen die Gedanken. Neue Lösungsansätze und Ideen können besser ins Bewusstsein vordringen. Die positiven Wechselwirkungen zwischen Bewegung und Psyche werden im Forschungszweig der Psychomotorik genau beschrieben.

Selbstversorgung und Ernährung

Mehr als ein Drittel der im Homeoffice Beschäftigten erklären in Umfragen, ihre Mahlzeiten zufällig über den Tag verteilt einzunehmen und sich ungesund zu ernähren. Nicht nur der Weg zur Arbeit ist kürzer geworden, auch der Weg zum Kühlschrank. Während an Bürotagen der gemeinsame Aufbruch im Team das eindeutige Signal »Jetzt ist Mittagspause« sendet, fehlt zu Hause diese klare Trennung. Während im Mitarbeiterrestaurant eine bunte, abwechslungsreiche Kost fertig bereitsteht, wartet zu Hause der leere Kühlschrank, das Fertiggericht oder die aufwendige Zubereitung.

Doch nicht jede Kantine bietet hochwertige Kost, und nicht jeder hat zu Hause nur Fertiggerichte. Es geht darum, dass Sie auf eine bewusste Ernährung, regelmäßiges Essen und ausreichendes Trinken achten. Zwar ist nicht jeder als Koch talentiert, aber mit etwas Übung und guten Zutaten lassen sich auch daheim rasch schmackhafte Mahlzeiten zaubern.

Abwechslungsreiche Kost

Eine gesunde und abwechslungsreiche Ernährung ist essenziell für die Leistungsfähigkeit. Körper und Geist werden gut versorgt und erhalten die Energie, die für die konzentrierte Computerarbeit nötig ist. Hier einige Tipps:

- Trinken Sie genug, empfohlen werden zwei bis drei Liter kalorienarmer Getränke am Tag. Nicht selten wird das Trinken einfach vergessen. Stellen Sie sich daher morgens zwei Flaschen Wasser oder eine Kanne Tee bereit.
- Achten Sie auf eine vitamin- und ballaststoffreiche Ernährung und kaufen Sie einmal pro Woche entsprechend ein. Sie müssen kein Sternekoch sein, um sich ausgewogen zu ernähren.
- Kochen Sie am Abend oder am Wochenende vor, am besten die doppelte Menge. Viele Gerichte halten sich, luftdicht ver-

packt und am besten gleich richtig portioniert (z. B. in einem Glas mit Schraubverschluss), im Kühlschrank mehrere Tage. Verschiedene Kräuter oder ein Salat sorgen für den Frischekick und Variationen.

- Für Snacks halten Sie Obst und Gemüse vorrätig. Die Klassiker wie Äpfel, Bananen, Karotten, Gurken und vor allem Nüsse sind gesunde, haltbare Vitalstoff- und Vitaminspender. Für den kleinen Hunger zwischendurch sind sie eine hervorragende Alternative zu Süßigkeiten.
- Sollten Sie keine Zeit oder Lust zum Kochen haben, testen Sie die Mittagsmenüs in Ihrer Umgebung. Sie werden feststellen, dass Menüs günstig und schmackhaft zu haben sind – und Sie im Lokal mehr und mehr Gleichgesinnte treffen.

Ein nagendes Hungergefühl stört die Konzentration und führt zu Leistungsabfall. Zu wenig Flüssigkeit und zu wenige Mineralien verursachen Kopfschmerzen und andere Kreislaufprobleme, ganz zu schweigen von längerfristigen Gesundheitsrisiken. Nicht selten sind Heißhunger oder Schwindelgefühle einfach auf Flüssigkeits- oder Salzmangel zurückzuführen.

BEISPIEL:

Herr B. fühlte sich letzte Woche etwas angespannt und schwach. Vormittags viele Calls, nachmittags eine wichtige Kundenpräsentation und für mittags nichts im Kühlschrank. Da kam ihm die Idee, den Mittagstisch des Italieners um die Ecke auszuprobieren. Das war richtig klasse: sich an einen gedeckten Tisch setzen, für 9,50 EUR ein 3-Gänge-Mittagsmenü verspeisen und mit anderen einen kleinen Smalltalk zu halten. Hinterher war er wie ausgewechselt und voller Energie und Tatendrang.

Typabhängige Chancen und Risiken im Homeoffice

Neben den Gesundheitsrisiken wie Bewegung und Ernährung gibt es weitere Risiken und Chancen, die sich bei der Tätigkeit im Homeoffice ergeben können. Machen Sie den Selbsttest und fragen Sie sich: Mit welchen Homeoffice-Risiken muss ich rechnen? Wählen Sie alle Typ-Eigenschaften aus, die auf Sie zutreffen. Schauen Sie dann, welche Risiken und Chancen lauern und welche Lösungswege Sie fokussieren können.

Sind Sie kommunikativ, extrovertiert, kontaktfreudig?	
Risiken: ▪ Gefühl der Einsamkeit ▪ sich ausgeschlossen fühlen ▪ leicht ablenkbar durch Mitbewohner	**Chancen**: ▪ kommunikativ führen (online) ▪ kaum Ablenkung von Kollegen ▪ Achtsamkeit üben
Lösungsansätze: ▪ für Gespräche sorgen, eher telefonieren als schreiben, Chats ▪ aktives Zuhören und Teilhaben	
Sind Sie introvertiert, ruhig, kontaktscheu?	
Risiken: ▪ soziale Interaktionen fehlen ▪ nur eingeschränkt teamfähig ▪ unsichtbar werden	**Chancen**: ▪ konzentriertes Arbeiten ▪ Gedanken vorformulieren ▪ Stimmübungen, laut aussprechen
Lösungsansätze: ▪ Gelegenheiten zum Präsentieren aktiv nutzen und üben ▪ Mut haben und arbeiten im virtuellen Team forcieren	

Sind Sie perfektionistisch, pflichtbewusst, detailverliebt?

Risiken:	Chancen:
▪ zu wenig Pausen, zu lange arbeiten ▪ Selbstausbeutung ▪ Abgrenzung schwer möglich	▪ produktives Arbeiten ▪ selbstbestimmte Zeiteinheiten ▪ lernen los zu lassen

Lösungsansätze:

- Zeitrahmen (Beginn, Ende, Pausen) festlegen und einhalten
- Zeitziele setzen und Zeitreserven einplanen
- klare Trennung von Privat und Arbeit (zeitlich/räumlich/mental)

Sind Sie sensitiv, lethargisch?

Risiken:	Chancen:
▪ fokussiertes Arbeiten fällt schwer ▪ Mitreißeffekt des Teams fehlt ▪ unbefriedigende Arbeitsergebnisse	▪ selbstständiges Arbeiten lernen ▪ Sinn/Relevanz der Tätigkeit finden ▪ auf eigene Kompetenz vertrauen

Lösungsansätze:

- Arbeitspensum in Einzelaufgaben einteilen
- Zwischenziele mit kleinen Belohnungen vorsehen, Selbstfürsorge lernen
- Feedback einfordern (Bestätigung, Wertschätzung)

Sind Sie nicht technikaffin und eher unbeholfen?

Risiken:	Chancen:
▪ selbstständige Telearbeit kaum möglich ▪ ineffizient, Arbeitsziele und -termine schwer erreichbar	▪ eigenverantwortliches, selbstständiges Arbeiten lernen ▪ Technikwissen verstärken

Lösungsansätze:

- sich selbst befähigen und von Teamkollegen lernen
- Effizienz erkennen und üben, Eisenhower-Prinzip anwenden
- Seminare für Digitalwissen und Selbstorganisation absolvieren

> Wer seine persönlichen Chancen und Risiken im Homeoffice kennt, kann diese nutzen und bei Bedarf gegensteuern.

Auf einen Blick: Auf Gesundheit achten

- Sorgen Sie gut für Ihr mentales und körperliches Wohlbefinden. Kleine Rituale helfen, die nötigen Pausen zu sichern sowie Körper und Geist regelmäßig zu entspannen.
- Machen Sie sich die Vorteile der Heimarbeit bewusst. Legen Sie Bewegungseinheiten ritualisiert ein und sorgen Sie für gesunde und abwechslungsreiche Kost mit genügend Flüssigkeitszufuhr.
- Erkennen Sie Ihre Risiken und nutzen Sie Ihre persönlichen Chancen im Homeoffice.

Ausblick und Zukunftschancen

Das Thema Homeoffice hat Anfang 2020 innerhalb weniger Wochen einen unerwartet starken Schub bekommen: Die schnell grassierende Corona-Pandemie erzwang quasi eine Machbarkeitsstudie im weltweiten Testfeld. Trotz anfänglicher Umstellungsprobleme und Einschränkungen in sicherheitskritischen Umgebungen hat sie gezeigt, dass die virtuelle Zusammenarbeit in vielen Bereichen und Branchen besser funktioniert als vermutet.

Die Mehrheit der Beschäftigten will laut Umfragen nicht mehr komplett ins Büro zurückkehren. Vielmehr schätzen sie eine Mischform mit einem oder zwei regelmäßigen Homeoffice-Tagen. Insgesamt werden die größere Flexibilität, eingesparte Pendlerfahrten sowie reduzierte Büroflächen zu signifikanten ökonomischen und ökologischen Vorteilen führen.

Gleichzeitig hat eine Art Zwangsdigitalisierung stattgefunden. Sie hat eklatante Mängel in der IT-Ausstattung im privaten und vor allem im öffentlichen Bereich sowie in den Digitalkompetenzen der Anwender offengelegt. Spätestens jetzt ist allen klar, dass der Nachholbedarf und der Handlungsdruck hoch sind. Durch die massenhafte Verlagerung der Büroarbeiten in das eigene Zuhause von jetzt auf gleich hat sich aber die virtuelle Kooperation von verteilten Teams in der Wirtschaft bewährt. Dieses New-Work-Konzept hatten zwar schon einige Vorreiterunternehmen eingeführt, es hätte aber noch viele

Jahre für eine breite Akzeptanz bei Mitarbeitern und Managern gebraucht.

> Homeoffice ist jetzt technisch und organisatorisch eingeführt und hat sich im Berufsleben etabliert. Die zentrale Frage ist: Wie muss sich die Arbeits- und Unternehmenskultur wandeln, um die neue Flexibilität zu steuern und ihre Potenziale auszuschöpfen?

Welche Veränderungen wird es im Verkehr, Wohnungsbau und in der Städteplanung nach sich ziehen? Wie werden sich Berufsbilder und Arbeitsplätze langfristig ändern und welche gesellschaftlichen Entwicklungen werden dadurch beschleunigt?

Diese unvermittelte Situation ist eine einmalige Chance für Unternehmen und Mitarbeiter. Sie wird den Abbau von Hierarchien und den Aufbau einer Vertrauenskultur beschleunigen, da Führen auf Distanz nur durch partnerschaftliche Kooperation, Eigenverantwortung und Freiräume erfolgreich sein wird. Das erfordert einen Bewusstseinswandel auf allen Ebenen.

Jeder Beteiligte hat die Chance, die angestoßenen Veränderungen aktiv mitzugestalten. Jeder kann dazu beitragen, sowohl die Leistungsfähigkeit und Produktivität hoch zu halten als auch das berufliche und soziale Leben besser miteinander zu verzahnen.

Neues Homeoffice-Gesetz?

Damit Mitarbeiter auch nach der Pandemie von zu Hause aus arbeiten können, wurde das schon länger diskutierte Recht auf Homeoffice wieder auf die politische Agenda gesetzt. Noch

2020 soll ein entsprechender Gesetzesentwurf vorgestellt werden. In dem Homeoffice-Gesetz ist geplant, dass die Mitarbeiter entweder komplett auf Homeoffice umsteigen können, ein bis zwei Tage die Woche oder so viel sie möchten.

Einen Rechtsanspruch auf Homeoffice, wie seit Juli 2015 in den Niederlanden eingeführt, gibt es in Deutschland bisher nicht. Die Mitarbeiter können also nicht vom Unternehmen verlangen, von zu Hause aus zu arbeiten. Der Gesetzesvorstoß soll nun jedem, der möchte und bei dem es der Arbeitsplatz zulässt, die Arbeit im Homeoffice grundsätzlich gestatten. Eine Ablehnung durch den Arbeitgeber müsste begründet werden. Und genau das ist die Hauptkritik der Arbeitgeber. Auf Unternehmen käme eine weitere Bürokratielast zu. Denn die Arbeit von zu Hause kann nicht überall funktionieren, sei es aus Gründen der Sicherheit, nötiger physischer Präsenz, der Kundenwünsche, des Teamfriedens oder der individuellen Kompetenzlage.

Gleichermaßen ist es im Interesse von Arbeitgebern und Beschäftigten, mobiles Arbeiten dort einzusetzen, wo es möglich und sinnvoll ist. Das betont der Deutsche Arbeitgeberverband, vorausgesetzt betriebliche Belange werden berücksichtigt. Unabhängig von dem Gesetzesvorhaben sollten die konkreten Regelungen für den Heimarbeitsplatz im Arbeitsvertrag festgelegt werden, etwa zum zeitlichen Umfang, zur Erreichbarkeit oder zur Übertragung der Dokumentationspflicht auf den Mitarbeiter. Weitere Information finden Sie auf der Haufe-Themenseite »Homeoffice«: https://www.haufe.de/thema/homeoffice.

Mehr Flexibilität

Nachdem sich gezeigt hat, dass Homeoffice für viele Arbeitnehmer und Arbeitgeber machbar ist, wird die künftige Umsetzung in den Unternehmen intensiv diskutiert werden. Es ist davon auszugehen, dass beide Seiten diese Möglichkeiten verstärkt nachfragen, denn vom Fachkräftemangel bis zum Lebenslagenmanagement gibt es zahlreiche Anlässe dafür. Möglicherweise wird die neue Flexibilität zu einem schlagkräftigen Argument im Wettbewerb um die besten Köpfe werden.

Es erscheint sinnvoll, die aktuelle Entwicklung abzuwarten, bevor neue Rechtsvorschriften die Wirtschaft weiter belasten. In jedem Fall bleibt zu hoffen, dass die Diskussion und die Umsetzung mit Augenmaß betrieben werden und zu einer nachhaltigen Verbesserung für Arbeitgeber und Arbeitnehmer führen.

Stichwortverzeichnis

Achtsamkeit 73
Akustik 19
Arbeitsplatz gestalten 7
Arbeitsschutz 21
Arbeitszeiterfassung 102
Aufgabenmanagement 28

Belastungsstörung 107
Beleuchtung 18
Bewegung 109
Bildschirm 11, 58

Clean Desk 15
Cloud-Technologie 54

Datenschutz 74
Datensicherheit 76
Digitale Technik 54

Eisenhower-Prinzip 38
E-Mail 69
Ergebniskultur 33
Ergonomie 9
Ernährung 114

Familie 15

Gesundheit 105
Grundausstattung 11

Headset 65
Homeoffice-Gesetz 121
Homeoffice-Typ 27

Informationsfluss 72

Konferenzsystem 62

Lebenssituation 81
Leistungskurve 46

Mikrofon 65
Mitbewohner 15
Moderation 73
Motivationsfaktoren 86
Motivationstypen 82

Online-Konferenzen 99

Pausen 47
Performance Management 101

Raumplanung 7
Remote-Zugriff 54
Rituale 35
Rollenmanagement 45
Routine 35

Selbstmotivation 85
Selbstorganisation 24
Sitzposition 11, 111
Soll-Ist-Analyse 39

Teamdynamik 44
Transparenz 46

Vertrauenskultur 98
Videokonferenz 63

Wertschätzung 96
Work-Life-Balance 49

Zeitgewinn 50
Zeitmanagement 28
Zukunftskompetenzen 89

Impressum

Bibliografische Information der Deutschen Nationalbibliothek
Die Deutsche Nationalbibliothek verzeichnet diese Publikation in der Deutschen Nationalbibliografie; detaillierte bibliografische Daten sind im Internet über http://www.dnb.dnb.de abrufbar.

Print:	ISBN: 978-3-648-14634-7	Bestell-Nr.: 10572-0001
epub:	ISBN: 978-3-648-14553-1	Bestell-Nr.: 10572-0100
ePDF:	ISBN: 978-3-648-14635-4	Bestell-Nr.: 10572-0150

Ingrid Britz-Averkamp, Christine Eich-Fangmeier
Homeoffice optimal gestalten – Produktiv und effizient mobil arbeiten
1. Auflage 2020

www.haufe.de
info@haufe.de
Redaktion: Jürgen Fischer
Lektorat: Juliane Sowah, Köln

Bildnachweis (Cover): Maskot, Adobe Stock
Grafiken im Innenteil: Erstellt von den Autorinnen unter Verwendung von Icons made by Pixel perfect von flaticon.com

Die Autorinnen

Ingrid Britz-Averkamp

hat nach dem Studium der Sprach- und Wirtschaftswissenschaften in der ITK-Branche vielfältige Fach- und Führungserfahrung gesammelt, zuletzt in Leitungsfunktionen in börsennotieren Aktiengesellschaften. Die von ihr gegründete Kommunikationsberatungsfirma hat sie über 20 Jahre erfolgreich international ausgebaut. Ihre Expertise im Bereich Geschäftsleitung, Personalführung und Transformationsprozesse gibt sie nun als Autorin, Gründerin und Management Consultant bei *workisfaction* weiter. Sie unterstützt Führungskräfte darin, die stetigen Veränderungen in der digitalen Arbeits- und Lebenswelt für mehr Geschäftserfolg und Mitarbeiterzufriedenheit mitzugestalten.

Christine Eich-Fangmeier

kann als diplomierte Informatikerin, Senior HR-Expertin und Coach auf Erfahrungen in der strategischen Personalabteilung eines großen Versicherungskonzerns zurückgreifen. Sie kennt die Herausforderungen des Homeoffice von beiden Seiten (Arbeitgeber- und Arbeitnehmersicht). Mit Hilfe von Ratgebern, Coachings und Workshops unterstützt sie Führungskräfte und Mitarbeiter, die Herausforderungen von Arbeit 4.0 zu meistern. Spaß und Freude an der Arbeit zu haben ist aus ihrer Sicht die Voraussetzung für eine gelungene Life-Balance mit Arbeit als Teil des Lebens. Zugrunde liegt die *workisfaction*-Idee.